美国规划协会最佳规划获奖项目解析

（2000~2010年）

Selected APA National Planning Awards
2000~2010: An Analysis

张庭伟　于　洋　罗巧灵　刘宇辉　宁云飞　黄　超　编著
Tingwei Zhang, Yang Yu, Qiaoling Luo, Yuhui Liu, Yunfei Ning, Chao Huang

U0364181

中国建筑工业出版社

图书在版编目（CIP）数据

美国规划协会最佳规划获奖项目解析（2000～2010年）/
张庭伟等编著 .—北京：中国建筑工业出版社，2012.6
　ISBN 978-7-112-14315-3

　Ⅰ.①美…　Ⅱ.①张…　Ⅲ.①城市规划—美国—
2000～2010　Ⅳ.①TU982.712

　中国版本图书馆CIP数据核字（2012）第094286号

　　　　　　　　　本书介绍和分析了美国规划协会从2000年到2010年十年内评选出的最佳规划案
　　　　　　　例。作者对其中7个案例作了详细介绍，而且重新访问了这些案例所在城市，收集资
　　　　　　　料，拍摄照片，进行分析，以供中国规划师们参考。所选的案例力求具有多样性、代
　　　　　　　表性，涵盖了多种类型的规划，包括总体规划、详细规划、城市设计、交通规划及景
　　　　　　　观规划；在空间层面上，也包括了城市、社区、街道、公园等不同层次，希望对从事
　　　　　　　不同规划工作的规划师们有用。
　　　　　　　　本书可供城市规划工作者、城市规划管理者及有关院系师生参考。

* * *

责任编辑：吴宇江　许顺法
责任设计：董建平
责任校对：刘梦然　赵　颖

美国规划协会最佳规划获奖项目解析（2000～2010年）

张庭伟　于　洋　罗巧灵　刘宇辉　宁云飞　黄　超　编著

*

中国建筑工业出版社出版、发行（北京西郊百万庄）
各地新华书店、建筑书店经销
北京京点设计公司制版
北京方嘉彩色印刷有限责任公司印刷

*

开本：880×1230毫米　1/16　印张：14¼　字数：435千字
2012年9月第一版　2012年9月第一次印刷
定价：**135.00** 元
ISBN 978-7-112-14315-3
（22376）

版权所有　翻印必究
如有印装质量问题，可寄本社退换
（邮政编码　100037）

1990 年以来，中国的城市建设突飞猛进，城市面貌发生巨变，虽然也存在不少问题，但是成绩是突出的，是举世瞩目的。城市建设取得的成绩，与城市规划的贡献密不可分。为了肯定、表彰规划师的工作，中国规划界有几个重要的全国性评奖活动。其中由中国城市规划协会主办，每两年举行一次的"全国优秀城乡规划设计奖"（National Award for Outstanding Design of Urban and Rural Planning）评选活动，以城市规划、城市设计实践为主要内容，对已经实施或完成了的规划设计项目及规划文件进行评比，侧重于规划设计，参加者是全国的规划设计院。由中国城市规划学会和"金经昌规划基金会"主办，每年一次的"中国城市规划优秀论文奖"（National Award for Best Planning Articles），以规划研究为主要内容，侧重于规划理论，参加者是所有在中国城市规划期刊上发表学术文章的学者。这些评奖活动无疑提升了中国规划工作的水平，促进了中国规划行业的发展。

与中国相似，美国规划协会（APA）每年也评选最佳规划奖（National Planning Awards）。其奖项分成三大类，即全国杰出规划奖（National Planning Excellence Awards）、全国规划成就奖（National Planning Achievement Awards）和全国规划领导奖（National Planning Leadership Awards），这些奖项主要关注规划实践。同时，美国规划院校联合会（ACSP）则每年评选优秀规划论文奖（ACSP Best Planning Article Awards），主要是已经发表的规划研究和规划教育的学术论文。两者的分工和中国的情况相似。

中美两国国情不同，规划工作的社会角色也不同。美国规划协会的奖项设置反映出当代美国规划工作的一些特点，例如更加注重规划工作的社会性及政策性，而不是设计质量及物质性。但是，各国的城市规划工作面对的是相似的城市问题，所以仍然具有一定的相似性。介绍美国规划界的工作，特别是分析他们获奖的规划成果，可以帮助中国规划界了解当代美国规划工作的动态，提供借鉴。为此，我们查阅了美国规划协会 2000～2010 年十年内评选出的全部最佳规划案例，从中选取 7 个案例，对每个案例作了详细介绍，而且重新访问了这些城市，收集资料，拍摄照片，进行分析，供中国规划师们参考。

美国规划协会每年评选的奖项很多，本书选择案例的原则是：首先，必须对当代中国的规划实践有借鉴意义。城市规划作为一种公共政策，和所有公共政策一样，必然集中于当前的城市问题，表现出政策的阶段性特点。当代美国规划工作更多强调社会性而把空间性、物质性放在后面，在客观上反映了美国城市基本完成了物质建设，转向社会问题的发展阶段特点。美国规划协会的评选标准当然是建立在美国国情的基础上，并不能完全适用于其他国家，其选出的最佳规划案例也并不一定完全可以供其他国家参考。中国城市，尤其是大部分中西部城市，正在经历着大发展、大建设的高潮，物质性规划仍然是当代中国规划工作的主要内容，所以本书的案例偏重于物质规划，没有选择纯粹社会规划的项目。但是规划的社会功能体现在规划工作的全部过程中，所以在物质性规划的案例中，我们依然可以看到明显的社会价值导向，关注规划行为的社会后果。事实上，这正是这些案例值得借鉴的重要特色。其次，所选的案例力求具有多样性、代表性。本书的案例涵盖了多种类型的规划，包括总体规划、详细规划、城市设计、交通规划及景观规划。在空间层面上，也包括了城市、社区、街道、公园等不同层次，希望对从事不同规划工作的规划师们有用。最后，所选的案例必须具有回访的可操作性。一些很好的案例，由于回访的费用、时间等限制，未能进行，是个遗憾。

本书是伊利诺伊大学芝加哥分校（UIC）亚洲和中国研究中心（ACRP）与武汉市规划研究院合作的第三本书，由UIC亚洲和中国研究中心的张庭伟、于洋，武汉市规划研究院2010年在伊利诺伊大学芝加哥分校进修的罗巧灵、刘宇辉、宁云飞、黄超合作完成。全书由张庭伟组织统稿并执笔第1章，于洋协调各案例并执笔第2、4章，罗巧灵执笔第3、5章，刘宇辉、宁云飞、黄超分别执笔第6、7、8章。书中的地图、照片、表格等除了注明外，均为作者的成果。在此向支持本书出版的武汉市规划研究院、中国建筑工业出版社及各位参加者致谢。书中的不足之处，当然主要应由我负责。

张庭伟
2011年11月

Contents 目录

第1章 美国规划协会的最佳规划奖及规划工作的评价问题

1.1 关于美国规划协会的最佳规划奖

美国规划协会（American Planning Association，简称 APA）是美国规划师的职业组织，每年评选一次最佳规划奖（National Planning Awards）。其奖项分成三大类，即全国杰出规划奖（National Planning Excellence Awards）、全国规划成就奖（National Planning Achievement Awards）和全国规划领导奖（National Planning Leadership Awards）。之所以在奖项上冠以"全国"，是因为美国规划协会下属 47 个规划分会，各个规划分会也颁发自己分会的年度奖，为了和地方颁发的奖项区分，美国规划协会颁发的奖项于是加上"全国"以示区别。众所周知，美国有 50 个州，而美国规划协会有 47 个规划分会，这就意味着基本上每个州有一个自己的分会，个别的州（如纽约州）有两个规划分会（纽约市和纽约州），有的州则尚无规划分会（如北达科他州、南达科他州）。

在上述三大类全国性规划奖中，每项又分成若干分类，每年奖项的分类有细微不同，但是奖项的基本构成不变，以 2010 年美国规划协会发出的征求 2011 年全国规划奖提名的通知来看，其分类如下：

1) 全国杰出规划奖——共有 10 个分类奖项

（1）伯纳姆最佳综合规划奖：以美国历史上著名规划师丹尼尔·伯纳姆（Daniel Burnham）命名的最高综合性规划奖项（图 1-1）。

图 1-1 芝加哥市中心的 State 大街

注：《芝加哥大都会 2020 规划》（Chicago Metropolis 2020）获得 2004 年的伯纳姆最佳综合规划奖（2004 Daniel Burnham Award）。

（2）美国住房建设和城市发展部（HUD）部长最佳扶贫帮困奖：代表政府表彰为改善弱势阶层生活状况作出贡献的规划项目。

（3）最佳实践奖：表彰由于规划工作而对城市发展实践起到积极作用的奖项。

（4）最佳草根创新奖：表彰自下而上的规划行动的奖项。

（5）最佳规划实施奖：表彰落实得最好的规划项目。

（6）最佳推广奖：表彰可供推广的规划工作理念和方法。

（7）最佳可持续发展实践创新奖：奖励提出了可持续发展创新理念和方法的规划。

（8）最佳规划事务所奖：表彰作出了突出贡献的规划事务所。

（9）国家规划典范奖：对美国历史上杰出规划项目的表彰。

（10）最佳灾害救助和防止奖：表彰对于灾害救助及防止灾害发生作出贡献的规划。

2）全国规划成就奖——共有 3 个分类奖项

（1）朗方最佳国际规划奖：以 18 世纪法国规划师朗方（Pierre L'Enfant）命名，奖励美国规划师在海外的杰出规划项目。

（2）最佳克服难题成就奖：奖励克服了对规划工作的挑战而取得成绩的项目。

（3）达维多夫（Davidoff）最佳促进多元化及社会交往奖：继承已故美国规划师达维多夫提倡的社会公平、公众参与的精神，奖励促进多元化及社会交往的规划项目。

3）全国规划领导奖（个人成就奖）——共有 5 个分类奖项

（1）规划倡导奖：奖励支持规划工作或者领导了重要规划项目的个人或政府领导人。

（2）学生规划师奖：奖励优秀规划学生。

（3）美国注册规划师协会（AICP）规划先行者奖：奖励优秀的注册规划师协会会员（必须是 APA 成员）。

（4）杰出规划服务奖：奖励在地方规划机构工作的优秀规划师（必须是 APA 成员）。

（5）杰出规划贡献奖：表彰为规划事业做出贡献的规划师（必须是 APA 成员）。

此外，美国注册规划师协会（AICP）设立有 AICP 最佳学生规划项目奖（学生作业）、AICP 杰出规划学生奖（学生参与规划实践的贡献）、美国规划协会最佳记者奖，以及最佳学生组织奖。

基于美国社会经济的发展阶段和规划工作的现状，美国规划协会的奖项设置及评选方法有一些明显的特点。

1）奖项的设置反映出当代美国规划工作的公共政策性及社会性两大特点

在市场经济高度发达，政府体制上采用直接选举的美国，经济发展主要依靠市场而非政府的投入和直接干预，地方政府领导人关注的中心重在市民的满意度（因为这直接影响选票）而不是经济发展的 GDP 指标（因为这对选举仅有间接的影响）。更重要的是，美国的城市化程度已经很高，城市建设包括基础设施建设已经基本完成，故物质建设的项目有限，所以美国城市规划的基本功能主要体现了政府"重新分配"的公共政策，而不是"促进增长"的经济目的。这无疑和中国当前仍然以经济增长为中心的国情有相当大的差别，我们在讨论美国最佳规划奖时，对这个大背景应该有充分的认识。

美国规划协会的奖项中没有把设计性规划（例如城市设计）及技术性规划（例如市政规划）单独列出来颁奖，这反映出当代美国规划工作更多体现了其公共政策的本质，具有更强的社会性而不是物质性。特别是，即使是城市设计或市政建设规划，规划评奖所注重的也不完全是它们的本身，而是它们带来的更加广泛的社会效益及规划决策过程。当然，带有设计性、技术性的规划工作也是美国规划师的重要工作内容及职责，但是其申请评奖的渠道或者是包含在"最佳综合规划奖"等奖项内，或者是通过各自其他的专业协会（例如美国建筑师协会、美国景观设计师协会、美国工程师协会等）参加更加专业化的评奖。因此，我们也许更应该注意其规划设计理念的创新及实施的过程，尤其是其社会影响，而不仅仅是设计形式、手法上的创新（虽然从设计手法上来说也有很多创新，例如本书介绍的纽约高线公园规划）。

同时，从美国规划协会设立的名目众多的奖项可以看出，评奖力求包括当代美国城市规划工作的所有方面。从编制规划文本、公众参与、规划实施、规划创新，到从事规划工作的规划事务所及规划师个人，再到参与规划过程的社区组织，以及执行规划的政府规划机构及其领导人，都有可能获得奖励，得到规划界同仁的认可与表彰。值得我们注意的是，获奖项目的设置给规划工作的各方面、各阶段、各层面以相同的关注及鼓励，因为认识到规划的编制及实施不仅仅是规划师的事，必须依靠全社会的努力，所以规划奖应该面向社会各界。当前中国规划界的评奖工作基本上局限于规划界内部，美国规划界的做法也许可以借鉴。

2）评审委员的组成反映出评奖更加关注规划的实践效果而不仅仅是规划的研究成果

最佳规划奖的评审委员通常包括从事实践工作的规划师、政府官员及规划教授，但是以实践规划师为主。例如已经公布的2011年评审委员会中有7名委员：5名从事实践工作的规划师，1名规划教授，加上1名中央政府（美国住房建设和城市发展部）官员。7名委员中有5名评审委员为美国注册规划师协会（AICP）会员（包括3名资深会员）。7人中有4名男性，3名女性（包括评委会的女主席，1名规划女教授及1名黑人女官员）。

评审委员会的这个结构明显反映出美国规划协会的最佳规划奖以推介、评价规划实践工作为主，而不是以规划研究工作为主的宗旨，也再一次表现出规划协会力求包括社会各方面代表的努力。在美国，城市规划理论研究的工作主要由美国规划院校联合会（ACSP）承担。美国规划协会（APA）和美国规划院校联合会（ACSP）各自独立，互不隶属，但是分工合作。前者的成员以从事具体规划工作的规划师为主体，后者的成员则以规划教授及规划学生为主体，所以美国规划院校联合会每年颁发规划研究、规划理论和规划教育方面的最佳论文奖、最佳规划学生奖及规划教授的终身成就奖，正好和美国规划协会的奖项互补。这与由中国城市规划协会主办，每两年举行一次的"全国优秀城乡规划设计奖"，以及由中国城市规划学会和"金经昌规划基金会"主办，每年一次的"中国城市规划优秀论文奖"的分工合作十分相似。

1.2　最佳规划评奖的专业意义及社会意义

最佳规划评奖有专业意义和社会意义。不仅仅是规划专业，对专业工作的评奖是所有专业协会常用的激励自己成员的方法。美国规划协会提出："我们以我们的会员们以及他们所服务的社区的成功作为衡量我们成功的标准。"①这个衡量标准反映了评奖的专业意义。更重要的是，由于规划协会评委会由一批具有相近价值观和职业信仰，主张采用相似技术途径、规划过程的成员组成，他们往往代表了当时美国规划界的主流，故获奖项目体现了一个时期美国规划界的主流价值观，起着全行业的示范作用。所以，评奖活动实质上是一个专业教育活动，对所有规划师有重要教育意义和引导意义。

最佳规划评奖也有重要的社会意义。通过媒体介绍、政府活动等方式，美国规划协会大力把最佳规划奖的评选活动向社会介绍，特别是在获奖城市中宣传推广。评奖并向广大社会各界宣传获奖的规划理念及规划成果具有重要的社会意义。由于规划工作往往强调公共利益、公众参与，与某些

① APA网站：http://www.planning.org。

政府官员、开发商的利益不合，一些美国城市的开发商、政府官员对于城市规划的社会作用，对于规划师的社会贡献往往产生怀疑甚至颇具微词（这与中国一些城市的情况有某些相似）。在一些比较保守的州（例如亚利桑那州），甚至发生过要取消大学中城市规划专业的呼声，并受到一些保守居民的附和。同样由于对规划工作的疑虑因而导致规划工作不普及，美国一些州里甚至没有建立美国规划协会的地方分会（如北达科他州、南达科他州）。所以，美国规划协会每年的评奖活动既是为了激励规划师们的工作热情，向规划师进行再教育，也是为了向广大社会各界宣传规划工作及规划师在经济、社会、环境保护方面的贡献，争取得到更多的支持，同时也为了宣传规划作为保障公共利益的公共政策本质（图 1-2）。在这一点上，中国规划界同样显得不足。

图 1-2　华盛顿的联邦最高法院
注：《国家首都城市设计与安全规划》获得 2005 年"当前话题奖：安全增长"（The National Capital Urban Design and Security Plan，2005 Current Topic Award：Safe Growth）。

1.3　规划工作的评价标准

规划界一致同意，规划评价应当作为整个规划过程的一个重要部分。因此，建立获得大家公认的规划评价标准就极其重要。

由于规划工作从现状调查、公众参与、编制文本、方案审批，到贯彻落实，内容十分庞杂，不同的阶段有不同的要求和标准，故在建立评价标准时首先遇到的问题就是如何根据规划阶段对规划工作进行分类。美国规划教授埃米莉·塔伦（Emily Talen）对于城市规划评价的分类，在总体层面建立了一个评价框架（Talen，1996；引自孙施文，2007）。

他认为有四种不同规划类型的评价：

1）规划实施之前的评价（Evaluation prior to plan implementation）——评价规划文件，包括备选方案的质量。

2）规划实践的评价（Evaluation of planning practice）——评价规划师的工作过程，以及规划过程及形成规划方案时的影响。

3）政策实施分析（Policy implementation analysis）——评价政策执行的过程及对各方面的作用。

4）规划实施结果评价（Evaluation of the implementation of plan）——比较规划实施的结果和规划的意图，评价规划是否有效。

由此可见，对规划的评价可以大致分成"对规划成果的评价"及"对规划过程的评价"两大类。两者都包含了西方规划理论界对规划工作评价的基本依据：价值理性和工具理性。工具理性重视规划、设计文件本身的质量，价值理性则延伸到规划的社会性、规划过程及程序的公平性。西方规划理论界对于规划评价存在着不同意见——一些规划理论学者认为规划过程应该成为关注的重点，他们认为良好的规划过程（通过参与、听证会等动员城市各界参与涉及城市未来的讨论，以建立政府、企业、社会的互动及共识）才是对城市发展最有影响的途径，例如"联络性规划"的倡导者及支持者。另一些规划理论学者则强调规划结果的重要性，他们认为规划的质量是看它产生的结果而不完全是其过程，因此评价最后的成果更加重要，例如"实用主义规划理论"及"现实批评主义规划理论"的倡导者及支持者。在美国，关于规划理论的讨论迄今仍在进行，但是理论问题不是本书关注的中心。

对于规划工作重点的不同理解，也影响了不同的评价方法。重视规划结果的评价方法往往采用基于经济学的方法：包括成本—得益分析（cost-benefit analysis）、有效性分析（effectiveness analysis）等方法来计量规划实施后的成果，他们比较倾向于定量分析。

相反，重视规划过程的评价方法反对仅仅以规划结果为评价标准，他们强调规划过程的重要性和决策中不同选项造成的影响，例如亚历山大和法吕迪（Alexander & Faludi，1989）提出 PPIP（Policy-Plan/Program-Implementation Process）即"政策—规划/项目—实施过程"的综合评价模型，更加关注对规划的实施过程作出评价，其方法在采用定量分析的同时，更多借鉴社会学的定性分析方法。

我们认为，规划评价应该包含三个层面：技术评价、实效评价、价值评价，经济学和社会学的方法都应该采用。

最基本层面的评价是规划的技术评价。从理论上说，规划的技术评价主要基于规划的工具理性，评价的是规划工作本身作为一种工具的科学性、技术性、规范性。从实践上说，技术评价包括了从规划技术标准体系的建立到评审时对规划技术水平的考核。

其次，规划的实效评价主要关注规划和城市发展实践的关系，即在多大程度上规划能够引导城市发展、城市建设符合规划的意图。规划如果有效，城市空间发展应该基本符合规划的引导，呈现一个比较合理的发展态势。同时，也必须注意规划工作的动态性和弹性，因为规划方案不是建筑蓝图，不应该简单地用规划图纸和城市建设结果机械地一一对照，并以此作为评价标准。

规划的价值评价是最困难的问题。在今日的多元化社会里，价值观是多元的甚至冲突的，评价时难以界定共同的价值基准。在实践中，规划方案的选用往往以决策者或者规划师的价值观代替了不同社会群体的价值观，由此造成对于规划工作的不同评价。无疑，规划理应有明确的价值取向，在规划时通过公众参与而尽可能建立社会共识，这是当前美国规划界努力的方向。这个方法本身也具有价值取向。

必须看到，一般在进行规划评价时往往偏重于技术评价而忽视价值评价，把规划的价值理性置于工具理性之下，有意无意地模糊了规划"保护公共的长期利益"的根本价值观。公共利益的界定是一个复杂的问题。就城市发展而言，确定公共利益有短期利益和长期利益、群体利益和整体利益、局部利益和全局利益的平衡问题，规划对于这些利益的处理反映了规划的价值取向，这是规划价值评价的主要内容，也是难点。

规划作为公共政策，规划工作作为政府行为，规划师作为公职人员，其价值取向不仅涉及保护公共利益的根本目的，也涉及规划师的职业道德。规划的价值取向和规划师的职业道德是两件大事，它们互相关联，直接影响到规划师的名誉和规划部门的公信力。弗里德曼（J. Friedmann）在《规划理论的用途》一文中提出，应该把规划的人文精神作为规划价值评价的重要内容。当前，部分规划师把规划仅仅当作一门行当，把规划当作一个谋生职业，忽视了规划的价值理性，因此提倡关注规划的人文精神尤其重要。

技术评价、实效评价、价值评价三种评价有不同的时间轴：

技术评价一般在规划编制完成后就立即进行，它关注的是当前规划文件本身的质量：规划方案的合理性、科学性，规划在经济上、环境上、技术上、政策上的可行性等。

实效评价在规划编制完成，并且经过一段时间的实施后进行，衡量规划是否反映了城市发展的需要，因而能够发挥引导作用，得以实施。

价值评价则需要更长时间的检验，不但超出一位规划师的工作时期，而且有待于一代人甚至几代人的检验。我们今天认为正确的一些理念和做法，在我们的子孙后代看来可能显得愚蠢甚至谬误。"时间"和"实践"一样重要，都是检验真理的根本标准。只有在历史的长河中经过实践检验的理论、政策，才有一定的真理性。

正因为价值评价具有长时期的影响，所以价值评价是最重要的评价核心，整个规划评价必须以价值评价贯穿全过程，从编制规划开始，就体现出价值取向，最终体现在规划实施上。美国规划协会的评奖标准同样反映了这样的努力。

1.4　美国规划协会的评奖标准及其借鉴意义

1.4.1　美国规划协会的评奖标准

按照美国规划协会的三个评奖分类，其评奖标准分别如下。

1.4.1.1　全国杰出规划奖，共有10个分类奖项

首先是代表了全国杰出规划奖最高奖的"最佳综合规划奖"及"住房建设和城市发展部部长最佳扶贫帮困奖"，它们的评奖标准分别是：

1）伯纳姆最佳综合规划奖的评奖标准

本奖项以美国著名的规划师丹尼尔·伯纳姆命名，奖励对规划学科的科学性及艺术性的提升作出贡献的综合性规划或总体规划。

（1）原创性、创新性。对于客观需要，提出了具有远见性的解决问题的途径，或者创新性的理念。说明了在这个案例中，如何应用规划过程来促使规划原则获得更加广泛的支持。

（2）可推广性。说明本规划的做法为何潜在地可以在其他城市推广应用，本规划的理念和方法如何可以推动更多优秀规划的出现。

（3）质量。不论编制规划时预算的大小，获奖规划具有出色的思想、分析、文字表达及图纸质量。

说明如何以深思熟虑、具有专业道德的方式充分利用了可用的资源。

（4）综合性。说明了本规划如何遵循规划的基本理念，特别是规划原则如何结合、促进了其他公共目标的实现。

（5）公共参与。说明了规划如何涵盖了各种公共利益，以及公共参与的程度。特别应该说明，如何经过努力，吸收了历史上向来被边缘化的人群的意见。说明本规划如何得到了公共、私人方面的共同支持。

（6）规划师的角色。说明了规划师的角色及其重要性，规划师的参与程度。说明如何通过本规划的成功，向社区证明了规划师及规划工作的贡献。

（7）实施战略。介绍了落实规划的步骤，如何以此构筑规划实施的动力，获得了公众的支持。

（8）有效性及成果。说明了规划如何反映需求或有待解决的问题，特别是规划如何为受到影响的市民带来了积极的改变，说明本规划在未来的有效程度。

2）美国住房建设和城市发展部（HUD）部长最佳扶贫帮困奖的评奖标准

本奖项奖励那些改善了低收入社区、低收入居民生活质量的规划成果；特别关注在社区发展规划中具有创造性的住房建设、经济发展、私人投资等方面的理念和方法，强调可见的改良结果，也强调把规划学科及规划技术当作一种社区发展战略。

（1）规划工作方面。说明在实现目标时规划师以及规划过程所起的作用；本规划如何和现有的规划（综合规划、区域规划、社区规划）结合；社会各界（私人机构、非营利机构、民意代表，尤其是弱势阶层）如何参与规划。

（2）成果方面。说明本规划如何以高效率而且公平地使用资源（政府投资、基金会投资、银行贷款等）的方法，在中低收入社区内增加就业机会，提升教育质量，解决住房问题。将对项目的资金使用及结果进行定量分析。

（3）创新性。说明本规划在应对需求时，如何提出了具有远见性的解决途径，或者创新性的理念。在某个特定的规划领域内，在地方层面、全国层面具有创新性。

（4）可推广性。说明了本规划的做法为何潜在地可以在其他城市推广应用，本规划如何以独特的方法反映并且克服了普遍存在的规划问题。

在全国杰出规划奖的名下，还有8个方面的奖项：最佳实践奖、最佳草根创新奖、最佳规划实施奖、最佳推广奖、最佳可持续发展实践创新奖、最佳规划事务所奖、国家规划典范奖（历史上的优秀规划）、最佳灾害救助和防止奖。这8个奖项有一些共同的评奖标准，此外，不同奖项还有一些特殊标准。它们的共同标准包括：

（1）原创性、创新性。对于客观需要，提出了具有远见性的解决问题的途径，或者创新性的理念。在这个案例中，说明了如何应用规划过程来促使规划原则获得更加广泛的支持。

（2）可推广性。说明了本规划的做法为何潜在地可以在其他城市推广应用，本规划的理念和方法如何可以推动更多优秀规划的出现。

（3）质量。不论编制规划时预算的大小，获奖规划具有出色的思想、分析、文字表达及图纸质量。说明了如何以深思熟虑、具有专业道德的方式充分利用了可用的资源。

（4）综合性。说明了本规划如何遵循了规划的基本理念，特别是规划原则如何结合、促进了其他公共目标的实现。

（5）公共参与。说明了规划如何涵盖了各种公共利益，以及公共参与的程度。特别应该说明，如何经过努力，吸收了历史上向来被边缘化的人群的意见。说明本规划如何得到了公共、私人方面的共同支持。

（6）规划师的角色。说明了规划师的角色及其重要性，规划师的参与程度。说明如何通过本规划的成功，向社区证明了规划师及规划工作的贡献。

（7）实施战略。介绍了落实规划的步骤，如何以此构筑规划实施的动力，获得了公众的支持。

（8）有效性及成果。说明了规划如何反映需求或有待解决的问题，特别是规划如何为受到影响的市民带来了积极的改变，说明本规划在未来的有效程度。

3）最佳实践奖的附加评奖标准

本奖项为了奖励对于规划工作中的某个要素作出贡献的规划工具、规划实践经验、规划项目或规划过程，特别重视所产生的积极结果，创新性的规划方法及规划实践如何推进了规划的实施。

实例：新的规划法规或条例，税收政策及税收奖励条例，增长控制或规划导则，可转移的开发权项目，土地征用模式，公私合作模式，技术应用，规划手册，社区规划中公众参与的培育等。

4）最佳草根创新奖的附加评奖标准

本奖项为了表彰社区如何超越了传统的规划模式而利用规划过程来反映社区的需要，特别关注在新情况下规划如何获得成功。

实例：社区安全，毒品预防，社区推广活动的创新，为特殊人群的规划设计，公共艺术及文化项目，社区节日活动，环境保护及历史保护，夏季为儿童的休闲活动，提升社区旅游的项目等。

（1）教育性。本规划促进社区领导人改变了对于规划过程以及规划应用的看法，规划的作用超出了直接和规划项目有关的人群，对大众产生积极影响。

（2）协作性。规划说明了如何在领导人和不同利益集团中的成功协作，也提供了如何将他们组合进规划过程的经验。

5）最佳规划实施奖的附加评奖标准

本奖项为了表彰规划如何促成某个社区或某个区域的积极变化。特别强调长期的、可以计量的正面效果，这些正面效果应该至少已经有了 5 年的有效性。

实例：精明增长规划，广告控制规划，农田保护，城市设计，湿地维护，节约资源，基础设施，公众参与，社区改良，交通管理，可持续经济发展规划等。

（1）持续性。必须证明本规划具有持续的有效性，它们所达到的水平，记录下所发生的变化，或者在执行期间出现的各种改进。

（2）资金来源。说明资金筹集遇到的挑战或者支持的程度，说明政治层面的变化如何在正反两方面影响了长期资金的来源。

（3）社区支持程度。说明规划的长期性如何增加了社区公众对规划工作的支持度，并且表达出对相似规划工作的期望。特别是规划工作如何超出了直接的人群而影响到更多的公众。

（4）环境规划及其影响。说明本规划的实施如何对于周围环境带来了潜在的好处，使环境影响发生了逆转。

6）最佳推广奖的附加评奖标准

本奖项为了表彰规划师个人及规划项目以信息传播、教育等方法，通过介绍城市规划的价值，提升公众及社会中某些特殊群体对规划工作的认识。奖项也为了庆祝规划工作如何改善了一个社区的生活质量。

实例：通过广大社区的努力显示了规划工作的作用，为儿童设计的特别规划课程，社区赋权（Empowerment）项目，应用技术途径扩大公众参与。

（1）原创性。说明本规划如何应用新理念或组合不同的规划工具满足了社区公众对于规划信息、规划教育的需求。

（2）质量。不论编制规划时预算的大小，获奖规划具有出色的思想、分析、文字表达及图纸质量。说明了如何以深思熟虑、具有专业道德的方式充分利用了可用的资源。

（3）教育性。说明本规划如何提升了公众对于规划原理及规划过程的理解。说明这些积极成果是如何被计量并内部化的。

（4）可推广性。说明本规划如何具有潜在的在其他城市推广的可能，而这些推广如何能够提升规划师的职业影响。

（5）有效性及成果。如果本项目是为了对成人或一般公众进行规划教育的话，说明对公众的规划教育如何有效地推动了规划实施，如何推进了公平规划的过程。需要提出可以计量的成果，例如通过民意调查来反映执行项目前后的比较。

7）最佳可持续发展实践创新奖的附加评奖标准

在社区内，规划师处于一个有力的地位来领导环境保护、社会平等、经济发展的可持续性。可持续性实践能够影响一个地方的规划、设计、建造、使用及维护。涉及的领域包括能源使用及效率提高、绿色基础设施、资源保护、交通选择及其影响、集聚式发展模式、多元化、城市复兴、就业机会、人口影响等。特别寻求有创新性的可持续发展规划例证。

实例：在向社会表明开发项目和我们的日常生活如何对环境造成严重后果时，通过具有创新性的规划、建设项目、规划工具来证明规划工作所作出的重要贡献。

（1）规划及创新性。可持续规划必须表现出既考虑了广阔的领域，又反映了特定的问题。规划应该说明规划提供的教训，对缓解环境问题的成效；说明规划师在促进这些努力中的作用。当一个社区从老龄化社区转变成外来少数族裔社区的过程中，规划如何理解、解决社会问题？

（2）规划的适用性。可持续规划如何结合到相关的综合性规划或总体规划、地区或特别用地规划、城市休闲规划、经济发展规划、基础设施规划、区划法规，或其他规划中去？说明本规划提倡的可持续性如何满足了社区及周围区域的需要，也支持了社区层面的发展目标。

（3）公众参与。说明如何实现了社区各种居民及各方面利益相关者对规划工作及规划过程的参与。在规划过程中，采用了什么样的方法使受到规划影响的居民能够和决策者、服务的提供者、商业领袖互相合作？如何努力使传统上意见未能得到反映的人群，例如少数族裔，低收入阶层，参与到规划过程中来？

（4）协作及伙伴关系。为了实现规划目标，如何建立了战略伙伴关系或同盟关系？如何采用正式或非正式的步骤来动员社区领袖、地方政府官员参与规划，以获得对规划及其实施的广泛支持。总体而言，伙伴关系如何改变了规划工作的推进，扩大了对规划的支持？

（5）可推广性。说明本规划的做法为何具有在其他城市推广的可能性。

（6）可计量性。如何计量本规划取得的成果？如何决定该计量方法？说明所用的评价规划成功及改良的具体方法。

（7）社会及经济影响。说明本规划如何同时满足了社区中社会及经济发展的需要，而不仅仅是社区形象面貌的改善。如何将提升社区生活质量的努力结合到旧区及工业区的改造中。

8）最佳规划事务所奖的附加评奖标准

本奖项为了表彰通过其高质量的规划而影响了规划行业的规划事务所。

（1）影响力。说明该事务所如何积极地影响了规划行业的发展方向及职业水平。例如促进了新技术的应用、创新性的实践，提升了规划的科学性和艺术性。

（2）协作性。说明该事务所如何培育了一种相互协作的工作氛围，由此鼓励在不同技术、不同专业之间的沟通和交流，建立团队精神。

（3）质量。说明该事务所持续表现出高水平的工作，其工作受到参与或资助规划的机构、规划教育机构的认可，也受到社区及广大公众的好评。必须提供设计图纸、规划文本、实施中的评价报告。

（4）职业道德。说明该事务所如何一贯提倡并维持高标准的职业道德，赢得公众的信任，引导、教育自己的员工保持高水准的职业道德。

（5）联络及参与。说明该事务所如何通过努力，应用规划技巧协调了不同利益相关者的关系，解决了社区内的冲突问题，实现了积极的成果。如何在规划过程中表现出职业责任心，对社区提出的想法及建议表现出积极的态度。

9）国家规划典范奖（历史上的规划作品）的附加评奖标准

本奖项是为了表彰历史上有重要影响，可以让公众应用或学习的经典规划作品。获得提名的规划作品必须具有至少25年以上的历史。

（1）历史的重要性。获奖作品应该在下列的至少某一个方面表现出历史重要性：具有先锋的作用，或者是历史上的首创；具有历史的特殊性、杰出性；开创了规划职业的新方向，具有持久的影响；在时间、空间上影响了美国规划界、美国城市及区域。

（2）全国的影响性。说明获奖作品在美国全国的影响，即创造了某个社会群体或城市空间，它们对于全国有重要影响。说明在这个规划工作中起主要领导作用的是规划师。

10）最佳灾害救助和灾害防止奖的附加评奖标准

本奖项是为了表彰防灾救灾规划工作，它们在自然灾害或人为灾害面前保护了社区，或者减少了社区的损失，帮助社区及早重建，并且能够比过去更好更有效地对抗灾害。

实例：总体规划中涉及防灾的基础设施建设项目，紧急疏散规划，防洪规划，保护市民安全的规划设计等。

（1）规划的创新性。介绍社区面临的各种灾害的总体情况后，说明防灾规划如何有效地减少了生命财产的损失。应该既解决了现有建筑物对于灾害的抵抗，也解决了在新项目选址上对于灾害的预防。说明规划师如何促进这些规划措施的落实，规划如何应对防灾救灾工作中出现的社会公平问题？

（2）灾害的关联性问题。一种灾害往往会引发其他次生灾害的发生，例如洪水可能引发山区的泥石流。说明本规划如何应对共生灾害的复合影响，引导正面的综合性结果。

（3）预见性。在灾害发生时，机会往往同时不期而至。本规划如何吸取了近年来发生的灾害及其防治的教训，作好了准备，利用特别的机会来减轻灾害的后果？如何建立、支持了吸取防灾教训的程序？

（4）相容性。灾害防治规划如何结合到相关的其他规划中，包括综合规划或总体规划、地区规划、特殊用地规划、城市休闲区规划、经济发展规划、基础设施规划、区划法规，以及其他方面。通过防灾规划减轻灾害影响，如何支持了更加广泛的社区及周边地区的需求，特别是应对那些具有广阔的区域影响的灾害并且反映了社区的目标？如果防灾规划涉及多个行政区，应该介绍用什么机制来保证规划措施能够在不同地区中得到落实。

（5）公众参与。说明如何以最大限度的努力来动员不同居民、利益相关者参与规划及规划过程。在规划过程中，采用什么步骤，来告知受规划影响的居民，并且保证他们和决策者、房地产所有者、商业领袖们建立合作关系。特别是，如何保证弱势阶层，例如少数族裔和中低收入者参与规划？

（6）协作及伙伴关系。为了实现规划目标，建立了什么样的战略伙伴关系或同盟关系？采用了什么样的正式或非正式的步骤来吸引、动员社区领导人、灾害应急主管、地方政府官员，使得救灾规划获得广泛的公共支持？这些伙伴关系如何改变了救灾工作，在总体上扩大了对规划的支持？

（7）可推广性。本规划的做法为何可以提供给其他社区采用、实施？

（8）可计量性。本规划的成功是如何计量的？说明采用什么计量、测定方法来评价成功及对现状的改进。

（9）社会及经济考量。说明本规划如何不仅考虑了灾害对于物质环境的影响，而且考虑了灾害对于一个社区社会、经济上的影响。

1.4.1.2　全国规划成就奖，共有三个奖项

1）朗方最佳国际规划奖

本奖项为了奖励美国规划师在海外的杰出规划项目，推进社区长久的价值。评奖标准基于 2008 年"全球规划师网大会"（Global Planners Network Congress）提出的一系列目标，这些目标在第五届世界城市论坛（World Urban Forum 5）的镇江会议上得到通过。

（1）支持规划工作。获奖项目应能够肯定规划工作对改善人类居住及环境的重要性，应该说明规划项目如何减缓了贫民窟的形成，或者减少了灾害的影响，建成安全而对所有人开放的居住区。说明本规划如何鼓励各级政府官员依照这个规划来调整各自的规划体系。

（2）社会及经济价值。说明本规划如何与提供资助者一起工作，或者教育他们认识到有效的规划、适当的规划法规可以通过创造就业机会、采用可持续发展来减少贫困。

（3）协作性。说明本规划如何动员其他专业人员、公民社会组织、私有资本利益相关者等，整合他们的知识及技能，和参与者、政治家、公众一起增强规划工作的能力，与地方及全球的规划师共同建设更加和谐、可持续的人类居住环境。

2）最佳克服难题成就奖

本奖项表彰由社区、邻里、居民组织或市政府倡议的规划。在面临困难、挑战、地方财务问题、社会问题或由于自然灾害造成的负面后果时，规划克服了挑战而取得成绩。

（1）挑战或障碍。说明规划面对的是什么样的困难，物质上的、自然条件的、政治的、社会的，或者多样混合的？这些困难和挑战的程度如何？规划采用了什么样的对策？

（2）可以获得的资源。列出财政、人力、顾问等各方面可以获得的资源，说明如何管理、调节、开发这些资源。

（3）进展及正面影响。说明规划对于社区的作用，或者可能产生的作用。特别说明规划如何克服或减轻了困难及障碍，规划如何影响了社区未来的发展。

3）达维多夫最佳促进多元化及社会交往奖

为了奖励一个项目，一个团体、个人或组织，他们在规划领域中，或通过规划实践来促进多元化及可持续的社会发展；或者，他们通过特别的行动及规划首倡表达了对于妇女及少数民族的关注。这个奖项是为了纪念去世的 APA 成员 P. 达维多夫对规划的贡献而设立。

实例：奖励改善了弱势阶层社区生活条件的总体规划，奖励致力于改善其他人生活的规划师，奖励呼吁没有得到关注的社会需求而提出的一个政策。

（1）倡议性及多元化。说明规划如何表达了通常被社会忽视，或者被规划过程忽视的人群的需求，如何推动了一个具有公正、道德、包容的规划。

（2）有效性及成果。说明规划如何对其关注的人群的生活产生了积极影响，这些努力如何影响了更加广大的人群，增加了规划领域的多元化及包容性。

1.4.1.3　全国规划领导奖（个人成就奖），共有 5 个分类奖项

1）规划倡导奖：奖励支持规划工作或领导了重要规划项目的个人或政府领导人。

2）学生规划师奖：奖励优秀规划学生。

3）美国注册规划师协会（AICP）规划先行者奖：奖励优秀的注册规划师协会会员（必须是 APA

成员）。

4）杰出规划服务奖：奖励在地方规划机构工作的优秀规划师（必须是 APA 成员）。

5）杰出规划贡献奖：表彰为规划事业作出贡献的规划师（必须是 APA 成员）

由于全国规划领导奖奖励的是个人而不是规划工作本身，故不是本书关注的中心，在此也不对评价标准再作详细介绍。

1.4.2   对中国规划工作的借鉴意义

中国城市规划协会及中国城市规划学会均设有对规划设计成果的年度评奖（例如中国城市规划协会主办的"全国优秀城乡规划设计奖"，中国城市规划学会主办的"创新项目奖"等），也出版了获奖作品集，例如《全国优秀城市规划获奖作品集（2005—2006）》。这些评奖活动无疑对中国的城市规划工作起到相当积极的作用。但是细读这些奖项及评奖规则可以发现：首先，中国的规划评奖活动大都重在规划项目或规划设计本身，对于它们的实施后果，特别是它们对社会进步的推动作用、社会影响的考量十分单薄，也缺乏评价社会效果的方法及机制。其次，中国的优秀规划设计奖没有像美国规划协会奖项那样细分，而仅分成一等奖、二等奖、三等奖等。这样做的好处是操作简单、省事。但缺点是：不同空间等级、不同规划类型、不同规划专业的规划项目被混合在一起评比，把区域规划、总体规划、专项规划（例如上海世博会规划设计或一个城市地段的规划设计）等区别很大的规划、设计混在一起，可能导致一个规划项目在参加评奖时不得不和不同重要性、不同层面的规划项目作比较（例如一个大城市总体规划和一个小城市总体规划的比较），而不是和相同或至少相似的空间层面的项目比较。其结果是评奖成果的可借鉴性减少，评奖过程也可能出现不够公平的问题。纵观美国规划协会的规划奖项设置及评奖过程，也许可以对中国的规划及规划奖励工作提供一些借鉴。

1）规划奖励应该突出规划工作促进社会进步的根本目的。

众所周知，规划评奖是为了促进规划事业的发展，而规划工作的根本目的则是为了促进社会的可持续发展，包括经济发展、社会公正、环境保护三方面的目标。可以看到，美国规划协会的评奖原则中特别强调规划工作如何结合、促进了社会公共目标的实现，而不仅仅是规划文本及规划设计本身的质量。当然，规划工作和一个城市的发展阶段有关，在经济快速增长、城市快速发展的时期（例如当代中国）以经济发展、物质建设为主的总体规划，城市设计是规划工作的主体。但是总体规划及城市设计本身不仅仅是为了建设城市，而是为了引导城市向更加可持续、更加公平的方向发展。因此，规划评奖应该更加关注规划工作的社会效果而不仅是设计质量或规划文本的质量，尤其应该表扬那些通过城市规划为社会可持续发展作出了积极贡献的项目。有时候，这些项目可能不大，不引人注目，但是其贡献仍然值得表彰。

2）规划奖励应该有助于提升社会对规划工作的正面认识及支持，有助于明确规划师、政府、公众的定位及各自对城市发展的作用。

美国规划协会各个奖项的评奖原则普遍要求说明规划如何和社会联系，涵盖了各种社会公共利益，鼓励公众参与规划。其目的是帮助社会公众认识规划工作的积极作用。特别是，评奖时要说明，规划工作如何经过努力，吸收了弱势人群的意见，如何得到了公共、私人方面的共同支持。希望通过规划实例来说明规划师的社会角色及其重要性。反观中国的规划界，规划评奖往往局限于规划界内部，和广大社会各界的联系较少，这样就难以通过规划的成功案例，向社会证明规划师及规划工作对城市的贡献。一个反面证明是，目前中国社会上存在着一种对城市规划的偏见甚至反感，一些电影、电视剧中也把规划局、规划师当作和不良开发商同流合污的反面角色来处理。可以认为，通过规划评奖来宣传城市规划的积极贡献在当前的中国具有特别重要的意义。

3）规划评奖应该注意获奖成果的可推广性。

美国规划协会的评选奖项力求细分，将相近的规划项目放在同一个奖项内比较，这样可以增加获奖项目对于其他城市的可借鉴性。而且，呈报的项目必须单独列出本项目的做法为何在其他城市也可以推广应用。评奖特别注意规划实施的战略，要求介绍落实规划的步骤，说明如何建立规划实施的动力以获得公众的支持。推广成果的基础是规划必须反映了社会需求或公众关心的有待解决的问题，规划必须能够为受到影响的市民带来积极的改变，由此来证明规划的有效性。虽然规划的实施必须经过一个相当长的时期才能看到有效性，但是在评奖开始时就关注规划的有效性是推广评奖成果的关键。

1.5　对本书最佳规划奖案例的解析

从本书介绍的 7 个案例中，我们主要从规划理念、规划过程、社会效益、设计质量四方面进行解析（图 1-3、表 1-1）：

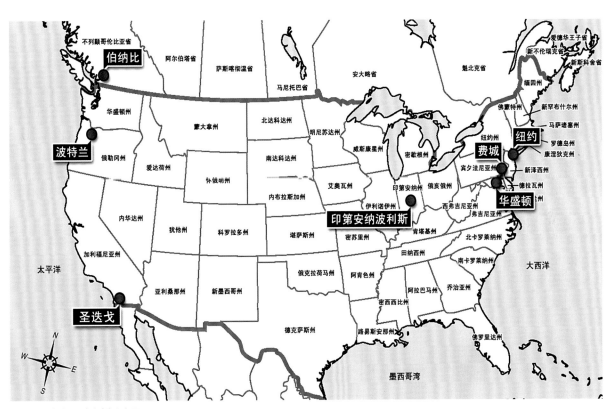

图 1-3　本书所选案例分布图

本书所选美国规划协会年度最佳规划奖案例名单				表1-1
规划名称	地点	获奖时间	具体奖项	规划类型
圣迭戈市2008版总体规划	圣迭戈	2010	伯纳姆最佳综合规划奖	城市总体规划

续表

规划名称	地点	获奖时间	具体奖项	规划类型
美国首都华盛顿城市设计和安全规划	华盛顿	2005	当前话题奖：安全增长	反恐安全规划
南布罗德街愿景规划	费城	2005	最佳规划实施奖	创意文化产业发展战略规划
印第安纳波利斯区域中心设计导则	印第安纳波利斯	2010	最佳实践奖	城市设计导则
大学城绿色社区发展规划	伯纳比	2008	绿色社区创新奖	社区发展规划
纽约高线公园规划	纽约	2006	社区特别创新奖	工业遗产保护与再利用城市设计
波特兰公共交通导向发展计划	波特兰	2008	最佳实践奖	交通规划

1.5.1　圣迭戈:《圣迭戈市 2008 版总体规划》

　　城市作为人类绝大部分活动的主要空间，是可持续发展研究及实践的热点，在城市研究和城市规划领域，新的理念不断出现，如精明增长、绿色城市、生态城市、低碳城市等。中国作为全球人口第一大国，人均资源匮乏，尤其是土地资源紧张。改革开放以来，特别是从 1994 年分税制改革至今近 20 年间，粗放型的经济发展和扩张型的城市发展模式所带来的环境和生态问题日益凸显。一些城市在土地财政和 GDP 崇拜的双重作用下，将城市总体规划这个指导城市发展的重要法律文件，异化为地方政府"向土地要钱"的工具，频繁修编总规和不断扩大城市用地规模成为中国城市发展的一个特色。面对这样严峻的现状，介绍《圣迭戈市 2008 版总体规划》，研究其可持续发展的规划理念，可以为我国城市总体规划的编制与完善提供借鉴。其主要特点如下（图 1-4）：

图 1-4　圣迭戈滨水地区

1.5.1.1　内涵集约型的城市发展模式

采用内涵集约型的城市发展模式，充分挖掘建成区的开发潜力，限制城市无序蔓延，保护城市周边自然环境。在土地利用上，鼓励以公共交通为导向的中高强度功能混合式开发，减少通勤交通量。

1.5.1.2　为人服务的交通规划

交通规划强调为人服务，而非为车服务。采取限制机动车发展的冷静交通策略，鼓励公共交通优先发展的策略，重视公共交通与自行车交通、步行交通的联系，建设环境友好型的城市交通网络。

1.5.1.3　重视公平的均衡发展

提倡以民为本的均衡发展，在促进经济发展的同时，重视改善民生，保护和增加就业岗位，提高社会福祉，扶植民间中小企业，加强劳动力教育与培训，提高劳动福利等，实现藏富于民的经济发展目标。

1.5.1.4　程序公正的规划过程

圣迭戈总体规划的编制过程高度重视程序公正，依照协作式规划（Collaborative Planning）的方法，广泛听取来自政府官员、商业精英、民间机构、利益相关个人或团体、普通公众的意见和建议，保障了总体规划的成果很好地平衡与协调各个社区的利益诉求，为下一步规划实施创造了良好的公众基础。

1.5.2　华盛顿：《美国首都华盛顿城市设计和安全规划》

"9·11"事件之后，全球进入反恐时代，西方国家的重要城市成为恐怖袭击的重要目标，恐怖主义呈蔓延之势（例如 2004 年莫斯科地铁爆炸案、马德里爆炸案、2005 年伦敦地铁爆炸案、2008 年孟买连环爆炸案等）。在此背景下，保障公共安全成为西方城市设计师在城市空间环境设计中重点考虑的新问题，世界上很多主要城市（特别是首都城市和政治中心城市）都编制了安全规划以应对恐怖袭击。近年来，中国城市也出现了恐怖袭击事件（例如 2008 年喀什爆炸案、2009 年乌鲁木齐骚乱、2011 年和田恐怖袭击等），但是反恐安全规划尚未引起规划界的足够重视。大部分城市的安全规划停留在防灾减灾，缺乏反恐防卫和基于行为心理安全等整体性思考的综合性对策。中国规划师在设计城市公共空间时更多地从空间美学的角度出发，普遍缺乏公共安全的考量。基于这些情况，我们将华盛顿的《美国首都华盛顿城市设计和安全规划》选入本书，希望其体现的"将城市设计和公共安全相结合"的新设计思路能够为我国城市空间反恐安全规划的探索提供一些有益的参考。华盛顿安全规划的主要创新点包括（图 1-5）：

图 1-5　华盛顿的林肯纪念堂

注：摄于 2009 年，注意已经在台阶上安置了防护桩。

1.5.2.1　"宏观—中观—微观"三位一体的安全保障体系

在宏观层面，对华盛顿市区从街道处理方式、安全分区、街道安全设施、移动性和停车性四个方面提出总体城市设计框架，建立整体防御空间层次。在中观层面，将重点防卫区域分为关联区域、纪念性街道、纪念设施，并根据每种类型的特点，对每个类型提出安全防护与城市设计的融合方式。在微观层面，针对具体城市空间和建筑的特点提供具体的细化设计，强化规划实施的可操作性。

1.5.2.2　多组合的设计策略

单一设计模式不能满足所有区域的需求，同时也会造成空间环境的单一雷同，规划针对每一区域的空间环境和特质提出相应的解决策略，具体策略包括：可达性、可监视性、物质保障性、层级性和可持续性。

1.5.2.3　项目实施与管理

规划明确了需要实施的具体项目，分出项目的时序和需要资金支持的重点项目，并建立项目数据库，方便管理。此外，编制《美国首都华盛顿城市设计和安全规划目标及政策》作为具体的实施性规划的编制依据。

1.5.3　费城：《南布罗德街愿景规划》

文化艺术产业的经济价值、社会价值和文化价值受到当今世界的广泛重视，很多进入后工业时代的城市将发展文化艺术产业作为重要的经济增长点（例如纽约的 SOHO 区和林肯中心周边地区、伦敦南岸区、费城艺术大街、都柏林圣殿酒吧区、巴尔的摩内港区等）。近些年来，我国的文化艺术产业也日益受到重视，地方政府纷纷将建设文化艺术区作为促进城市更新和带动经济发展的重要手段（例如上海张江文化科技创意产业基地、北京 798 艺术区、香港西九龙文娱艺术区、深圳大芬油画村等）。费城的成功经验可以为更好地建设我国文化艺术区提供有益的参考。得到美国规划协会最佳规划实施奖的费城《南布罗德街愿景规划》具有如下特点（图 1-6）：

图 1-6　费城南布罗德街现状照片

1.5.3.1　多元化的融资策略

艺术大街工程建立了由政府、财团、民间机构和相关利益群体组成的多核心管理网络。采取"公共投资带动、私人资本跟进"的融资策略,通过多元化的融资途径,吸纳了大量的官方和民间资本,为整个项目的顺利实施提供了财政上的保障。

1.5.3.2 "规划先行、循序渐进"的发展理念

费城市政府通过对整体规划的编制和支持统一引导文化艺术区的发展,明确发展重点,制定详细的财政预算和政策框架。在实施上,坚持稳步发展模式,利用民间资本优先发展中小项目以形成初步规模,树立私人投资者的投资信心。

1.5.3.3 统一的管理体制

由专门的管理机构来统一规划、实施、运营和管理艺术大街工程,保证政策的顺利贯彻,提高工作效率。同时,统一的管理机构有助于出现利益分歧时进行协调,最大程度上润滑实施环节。

1.5.3.4 "依托于人、服务于人"的战略

一方面,费城市政府与当地艺术院校和艺术机构展开广泛合作,重视艺术人才的培养。同时,设立发展专项基金,加强对艺术团体和个人的扶植;另一方面,加强相关服务设施和基础设施的建设,培育艺术消费群体,促进文化产业链的形成。

1.5.4 印第安纳波利斯:《印第安纳波利斯区域中心设计导则》

自20世纪90年代以来,城市设计导则作为一种新型的控制和引导城市物质空间建设的工具被引入到中国,很多国内城市根据自身的条件制定了城市设计导则,其中深圳市城市设计导则便是一个优秀实例。然而,当前我国的城市设计导则仍然存在一些问题,主要是:①偏重终极蓝图式的理想境界,忽略实施计划及各方面的参与,程序公正不足;②追求面面俱到,千篇一律,缺乏特色及针对性;③导则文件过于偏重技术性,不但难懂,而且可操作性较差。在这些问题上,《印第安纳波利斯区域中心设计导则》为我们提供了一些答案,其具有如下特点(图1-7):

图1-7 印第安纳波利斯区域中心

注:前面是州政府办公建筑,背景是为区域中心服务的高层旅馆。

1.5.4.1　以公正、严谨的规划过程为基础

注重规划编制过程的严谨，强调跨部门、跨专业合作。规划编制的领导机构由开发商、房地产专业人士、建筑师、景观师、规划师、政府官员、文化界代表，以及其他对中心城区建设环境有影响的人员构成。注重公众参与在规划编制中的作用，通过多种参与方式，最大化保证规划的程序公正。

1.5.4.2　以有针对性的区域类型为导向

规划根据不同的功能特征，将整个规划范围分为 8 种区域类型，并根据不同类型，提出针对性很强的设计导则，方便实施与管理。

1.5.4.3　导则内容刚性与弹性相结合

导则条文分为规定性和指导性两种类型。规定性导则往往限定设计采用的具体手段，指导性导则描述形体环境的要素和特征，解释说明对设计的要求和意向建议。既保证从整体角度对影响设计效果的关键内容作出限定，又为建筑设计提供了创作发挥的空间。

1.5.4.4　清晰简洁、图文并茂

导则文件在结构上力求条理清晰，在具体条文上力求简洁易懂，方便专业人员查询和管理。在成果形式上力求图文并茂。尽可能使用图示表格和意向设计图作为辅助说明，方便非专业人员阅读和理解。

1.5.5　伯纳比：《大学城绿色社区发展规划》

社区发展（Community Development）运动兴起于 20 世纪初的美国，在北美大陆有着上百年的悠久历史。"社区发展"的概念由美国社会学家法林顿于 1915 年在其著作《社区发展：将小城镇建成更加适宜生活和经营的地方》首次提出。二战后，作为一种依托社区组织来发展社区自助力量的构想，社区发展规划被联合国向很多新兴的发展中国家推广，以解决贫穷、疾病、失业、经济发展缓慢等问题。其目的就是要以社区为单位，由政府有关机构同社区内的民间团体、合作组织、互助组织等通力合作，发动全体居民自发地投身于社区建设事业。20 世纪 80 年代后，可持续发展观被引入社区发展规划，社区发展比之前更加注重与自然环境的关系。1949 年以后，中国的社区建设经历了很多弯路和挫折。近年来，如火如荼的小城镇建设和形形色色的大学城建设则是新时期下社区发展的新探索。也许可以借鉴加拿大伯纳比《大学城绿色社区发展规划》这个大洋彼岸的成功实例，来重新审视我国社区建设。这个案例的主要特点如下（图 1-8）：

图 1-8　西蒙弗雷泽大学校园景色

1.5.5.1　自下而上的社区管理体系

伯纳比案例的成功在于拥有一套自下而上的社区管理体系。社区基金会是西蒙弗雷泽大学和社区居民共同组成的社区管理机构，主导着社区规划、实施、运营和管理。它构建了政府、学校、社区、开发商、居民共同商议的平台，成为一个效率和公平结合的利益平衡工具。

1.5.5.2　可操作性强的发展导则

在大学城社区发展导则达到了施工图设计深度，保证了建成区风格的统一和环境协调的目的，同时也在项目审批和管理中提供了详细的参考，具有很强的可操作性。此外，社区基金会每年都会

对导则实施的效果进行评估，由大学、居民和开发商代表对导则提出建议和意见，并通过听证会的形式对导则进行调整和完善，保证导则的时效性。

1.5.5.3 绿色的生活方式

在大学城社区规划的制定和实施中始终坚持绿色社区的理念，社区基金会通过文化宣传、政策引导、地区规定等手段，从节能观念、垃圾分类、绿色出行等方面引导居民的绿色生活方式，倡导绿色文化和绿色消费，努力创建政府、学校、居民共同的绿色发展远景。

1.5.6 纽约：《纽约高线公园规划》

城市改造是各国城市建设中面临的共同问题，根源是城市经济发展阶段的变化，客观上则表现为城市土地的重新使用及城市空间的重组，通常采用的改造方式是拆旧建新。20世纪70年代后，一些西方发达国家的城市率先进入后工业时代。随着城市产业结构由传统制造业转向现代服务业，如何处理城市中大量的废弃工业建筑成为城市管理者和规划师关心的问题。在此背景下，工业遗产保护与再利用应运而生，成为西方城市规划研究与实践的一个热点（例如：美国西雅图煤气厂公园、德国鲁尔区北杜伊斯堡公园等）。进入21世纪以来，一些中国城市也经历了经济转型，工业遗产的价值也逐渐受到重视，尽管起步较晚，但近些年发展势头迅猛（例如：北京798工厂、上海苏州河仓库区、中山岐江公园等）。本书所选的纽约高线公园是美国在这一领域最新完成的又一经典案例，它为工业遗产保护与再利用提供了全新的思路，美国规划协会给它授奖也是众望所归，有很多方面值得我们借鉴（图1-9）。

图1-9 纽约高线公园入口处
资料来源：《华夏地理》，摄影：DIANE COOK & LEN JENSHEL

1.5.6.1　规划理念的创新

纽约市作为美国及全球的服务业中心，其制造业在城市经济中的地位下降，联系港口和工厂的高线铁路渐渐衰退，铁路周围地区的功能也发生了变化，城市改造成为必须。20 世纪 90 年代的纽约市长朱利亚尼和其他市长一样，认为必须把铁路移除才能实现周边地区的重新开发，并且已经着手实施。但是后来的实践证明，改旧翻新可以是另一种改造方式，而且可能取得比拆旧建新更好的效益。因此高线公园在规划理念上提供了新的模式，大家看到的"既是散步小道，又是城市广场，也是植物园"的高线公园是一种深受欢迎的新型城市公共空间，值得规划师及政府决策者借鉴。

1.5.6.2　开放式的规划过程

高线公园是公众参与的成功案例。重新利用高架铁路的提议，最初并不是由规划师或政府领导人提出的，而是在社区会议上由两位当地居民倡议的，一位是艺术家，一位是自由撰稿人。他们力排众议，才说服了方方面面，最终实现了他们的理想。他们成立的"高线之友"是个草根组织，但和世界上最优秀的艺术和设计群体建立了联系。2003 年，他们组织了一场"创意竞赛"，邀请大众为高架铁路的前景出谋划策，结果收到来自 36 个国家的 720 份参赛方案，包括最后方案的创意。可见公众参与可以取得意想不到的成效，规划过程的开放能够吸引新的建议。由艺术家提出的高线铁路创意的成功，也说明创意活动不仅仅可以在艺术区，而且可以扩大到城市改造中，充分发挥艺术家们的创新才能。

1.5.6.3　关注项目的社会效益

高线公园于 2009 年 6 月对外开放，随后成为纽约最受欢迎的旅游景点之一。根据保罗·戈德伯格（Paul Goldberger）的介绍，纽约居民中对高线公园的支持主要来自于中产阶级，特别是中小开发商的投资支持：这些人的经济实力不足以有效地介入城市大型文化机构的建设，但也希望在城市建设中有所作为，"高线公园可以说是为他们量身打造，这里已成为纽约最受欢迎的去处之一，同时位居少数几个获得大批 40 岁以下人群支持的项目之列。"[①]

1.5.6.4　杰出的设计质量

该项目由詹姆斯·科纳风景园林事务所(James Corner Field Operations)、迪勒＋斯科菲德奥(Diller+Scofidio) 和伦弗罗（Renfro）建筑设计事务所合作完成。设计手法是自然元素和现代建筑的结合。例如在景观设计中，采用了深草和芦苇为主体，目的是使人回想起高线铁路遭到遗弃的岁月中，那些仍然顽强生长的野花和杂草。优秀的设计往往基于他人的成功经验。这个改造铁路的方案灵感就来源于巴黎东部巴士底广场附近的"绿荫步道"，一条废弃铁路线被改造成一个条形公园。高线公园在此基础上又有大量创新，可以说没有吸引人的设计，不可能有高线公园的成功。

1.5.7　波特兰：《波特兰公共交通导向发展计划》

20 世纪 80 ~ 90 年代，美国规划界提出了公共交通导向发展（TOD）的理念，以应对第二次世界大战后美国不断加剧的城市蔓延及由此导致的小汽车泛滥。自 TOD 概念引入中国后，其基本理念也广受我国规划师的青睐。规划界根据中国实际，对 TOD 的内涵和实施框架进行了研究，建立了TOD 的规划设计体系及方法，将 TOD 的理念运用于具体的规划方案，尤其是轨道交通站点区域用地规划中。国内很多城市（如北京、上海、天津、广州等）普遍提出了 TOD 的规划理念，但存在的问题是：在实施过程中，更多地将 TOD 应用于通过公共交通来引导城市开发，缺乏在基础设施建设后对周边土地开发进行相应规划，公交导向发展在公众中的宣传程度也不够，因此未能取得预期的

[①] 《华夏地理》http://www.ngmchina.com.cn/web/。

图 1-10　波特兰中心区的有轨电车

效果。波特兰作为美国 TOD 理念实践的先锋，积累了丰富的经验，对我国 TOD 的发展具有积极的借鉴意义（图 1-10）：

1.5.7.1　TOD 的理念创新

公交车站周边土地的混合利用是 TOD 理念的一个重要方面，但中美规划师对此的理解有较大的差异。与中国规划师主要强调物质建设层面的混合使用不同，波特兰的 TOD 发展更注重社会建设层面的混合使用，在土地混合利用中更多地关注社会各阶层的混合，而非简单的功能混合。在轨道交通站点区域周边，落实经济适用房和廉租房的建设，体现社会公平，促进社会发展。

1.5.7.2　完整的政策框架

波特兰市政府形成了一套从州政府到地方政府的完整的 TOD 政策"工具箱"，包含了法律规定（如城市增长边界政策）、规章要求（如交通规划条例）、经济刺激（免税、补贴等）等手段，以在更广的范围支持和鼓励 TOD 的建设。

1.5.7.3　公私合作的实施机制

波特兰的 TOD 发展是政府、私人开发商和公众共同合作的成果。一方面，政府通过制定相关政策要求和激励开发商对 TOD 项目的开发；另一方面，规划师与市民合作就 TOD 开发理念、土地混合式开发、居住功能混合、高密度等问题进行广泛讨论，并提出发展愿景和参与制定规划。

本章参考文献

[1] Alexander E，Faludi A. Planning and plan implementation：Notes on evaluation criteria[J]. Environment and Planning B：Planning and Design，1989（16）：127-140.

[2] Talen E. Do plan get implemented? A review of evaluation in planning[J]. Journal of Planning Literature，1996（10）：248-259.

[3] 孙施文. 现代城市规划理论 [M]. 北京：中国建筑工业出版社，2007：501-502.

第2章　圣迭戈市总体规划

获得奖项：伯纳姆最佳综合规划奖

获奖时间：2010 年

美国圣迭戈市总体规划（City of San Diego General Plan, 2008）通过鼓励精明增长（Smart Growth）的可持续发展策略，在促进经济发展、保护资源环境和保障社会公平三者之间找到了平衡点，为圣迭戈未来 20 年的城市发展建立了一套完善的公共政策框架体系。

针对圣迭戈市种族和文化的多元性，总体规划创造性地提出了"乡村都市"（City of Villages）的规划理念，强调城市是众多相对独立的"乡村"组团由快速公共换乘系统联系成一个多核心的统一整体；在"乡村"组团的内部，强调土地的多功能混合使用，保护丰富多彩的历史文化特色，鼓励步行交通方式；森林公园、谷地、河流湖泊和生态保护区成为组团与组团之间的缓冲区。同时，圣迭戈市总体规划还起到了将宏观层面战略规划的政策贯彻到地方具体规划的承上启下的作用。作为南加利福尼亚区域精明增长战略规划的重要组成部分，圣迭戈市总体规划指导和协调着该市 40 多个社区规划。

因其创新的规划理念和卓有远见的规划视野，圣迭戈市总体规划获得了 2010 年度美国规划协会颁发的"伯纳姆最佳综合规划奖"（Daniel Burnham Award for a Comprehensive Plan）。介绍圣迭戈市总体规划不但可以提供一个当代美国总体规划的完整实例，也可以借鉴如何将可持续发展、精明增长等理念落实到规划中的具体措施。

2.1　项目背景

2.1.1　城市概况

圣迭戈市（San Diego）位于美国加利福尼亚州南部的圣迭戈县（San Diego County），全市总面积为 342.5 平方英里^①，紧临美国与墨西哥的边境，是该州仅次于洛杉矶市的第二大城市，也是圣迭戈大都市圈的核心，拥有大都市圈 40% 的投票权。历史上这里原是美国印第安人的聚集地，在 16 ～ 17 世纪先后成为葡萄牙和西班牙的殖民地。1821 年，随着墨西哥的独立，加利福尼亚州成为墨西哥的国土。1848 年，美国取得了与墨西哥战争的胜利，加利福尼亚州正式成为美国的国土。1850 年，大批淘金者的涌入使得该地区的人口剧增，圣迭戈市正式建立。1885 年，横贯美国本土的圣达菲铁路（Santa Fe Railroad）的开通使得圣迭戈市迅速繁荣起来（图 2-1）。

圣迭戈市素以宜人的地中海型气候和优美的自然环境闻名于世，93 英里^②的海岸线提供了绵长而优质的沙滩，峡谷交错的地貌更是增添城市的魅力，这些得天独厚的条件使得圣迭戈市成为美国

---

① 1 平方公里 ≈ 2.59 平方公里。

② 1 英里 ≈ 1.61 公里。

最受欢迎的旅游胜地之一，旅游产业成为其重要的支柱产业之一（图 2-2）。除了旅游业之外，圣迭戈市还是美国高科技产业、船舶制造业和军事工业的主要基地之一。高科技产业主要包括通信业、软件业、生物科技等产业，而依托其港口的优势，圣迭戈还拥有美国西海岸唯一的潜艇和船舶制造工厂，同时驻扎着全世界规模最大的海军舰队。由于圣迭戈的军事影响力，一些主要的国防工业承包商把总部设在这里并进行生产，包括通用原子公司和国家钢材与造船公司等。

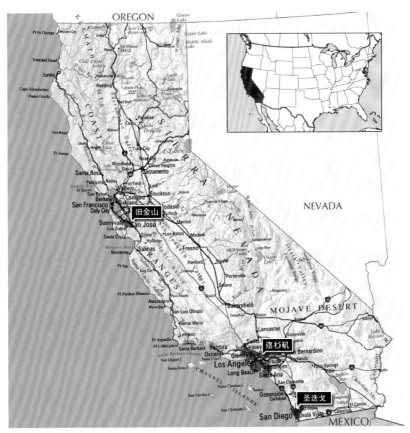

图 2-1　圣迭戈市区位图

图 2-2　圣迭戈市区夜景

圣迭戈是一个不同种族、文化和生活方式的大熔炉。根据 2007 年的官方统计资料（表 2-1、图 2-3），全市总人口为 1316837 人，其中非西班牙裔白人占 47%，西班牙裔白人占 27%，亚裔占 14%，黑人占 7%，混血族裔占 3%。从年龄结构上来看，在西班牙裔白人和亚裔中 18 岁以下的人口比例较大，分别占 34% 和 21%，近些年来其所占总人口比例呈现增长的趋势；而在非西班牙裔白人中 18 岁以下的人口比例较小，仅占 4.7%，近些年来其所占总人口比例呈现下降的趋势。圣迭戈市总人口在 20 世纪 40 ～ 60 年代和 70 ～ 90 年代经历了两次大幅增长，城市建成区也迅速向周边腹地扩展。然而 2000 年以后，由于可建设用地的缺乏和不断飙升的房价，圣迭戈市人口增长的速度开始减缓。

圣迭戈市2007年人口统计　　　　　　　　　　　　　　　　　　表2-1

	总人数	占总人口比例	18岁以下总人数
西班牙裔白人	360021	27%	121939
非西班牙裔白人	612953	47%	28609
黑人	95756	7%	26188
印度裔	4309	<1%	941
亚裔	189384	14%	40383
夏威夷或太平洋岛族民	5617	<1%	1588
混血族裔	45145	3%	17816
其他种族	3562	<1%	1313
总人口	1316837	100%	238776

资料来源：SANDAG，2008

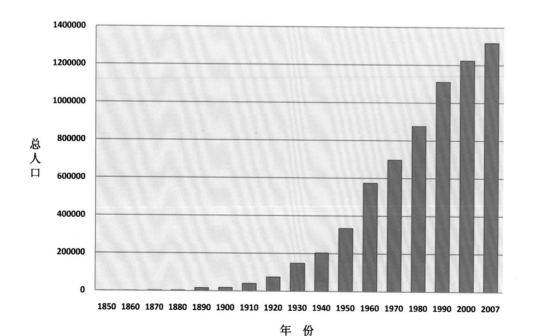

图 2-3　1850 ～ 2007 年间圣迭戈市城市总人口

数据来源：United States Census Bureau，2009 & Moffatt，1996

2.1.2 规划沿革

1967 年，圣迭戈市政府协会（the San Diego Association of Government，简称 SANDAG）颁布了该市第一部城市总体规划。1974 年，由马斯顿家族基金会（Marston Family）出资聘请美国著名规划学者凯文·林奇（Kevin Lynch）和唐纳德·阿普尔亚德（Donald Appleyard）对圣迭戈市的未来城市发展进行了深入研究，研究主要侧重于协调未来城市发展与圣迭戈市赖以生存的自然环境之间的关系问题。在研究中，他们具体从城市意象、自然环境基础、周边环境情况、开发项目的高度、容量和密度以及交通情况等五个方面进行了讨论，并总结成一个完整的目标性表述和行动指南。该研究的一些结论与原则对于圣迭戈市后来城市总体规划的制定都产生了深远的影响，例如：强调城市发展应该尊重自然环境，保持每个社区的文化个性，鼓励城市用地综合式开发，促进城市开敞空间的建设，鼓励步行与公共交通等（Lynch & Appleyard，1974）。

受到当时美国国内环境保护运动的影响（以 1973 年颁布的《联邦濒危物种法案》和《加利福尼亚州濒危物种法案》为主要标志），圣迭戈市政府协会于 1979 年在林奇和阿普尔亚德的研究报告的基础上编制了新的城市发展规划与总体指南，重点放在对城市增长的管理。规划将圣迭戈地区划分为城市化地区（Urbanized）、城市化筹建地区（Planned Urbanizing）和未来城市化地区（Future Urbanization），并鼓励在城市化地区进行填充式开发和限制城市的无序扩张。具体政策是减免在城市化地区开发项目的发展影响费（Development Impact Fee）；而在城市化筹建地区的开发项目则需要全额交纳设施效益评估费（Facilities Benefit Assessment Fee），用来支持公共设施的建设与更新（如公园、学校、图书馆和街道等）；在未来城市化地区规定在至少 25 年之内不允许进行开发建设，同时还通过免收税金的方式鼓励乡村地区保留农业用地（Fulton，1991；引自 Punter，1999）。

进入 20 世纪 80 年代以后，随着高科技产业逐渐取代旅游业和军事工业成为新的经济增长点，圣迭戈市经历了人口的大幅增长和城市建设的高潮，在 1982 年，圣迭戈市规划部门共批准了约 4000 套新建住房项目，而在 1986 年这一数字猛增到约 19000 套（Wagner et al，2005）。面对如此快速的城市建设步伐，1979 版城市总体规划的弊端逐渐凸显出来，给城市化地区带来巨大冲击。由于在城市化地区开发商不需要支付发展影响费，这就造成其建设成本大大低于在城市化筹建地区的建设成本，因此在客观上鼓励了开发商利用城市公共设施的外部性（Externality）。保证这一政策顺利实施的基本前提是城市化地区已有的公共设施水平可以满足新增项目的需要，但这一基本前提很快在实践中被验证并不成立。在独户住房（Single-family House）的社区内新建了大量多户住宅（Multi-family House）的同时，社区内配套公共设施却没有进行相应的建设和更新。此外，1978 年颁布的《加利福尼亚州第 13 项议案》（California Proposition 13）规定政府征收的私人物业税不得高于该物业评估价值的 1% 且年增长率不得高于 2%。这就大幅削减了圣迭戈市政府在物业税上的收入，并进一步造成政府没有资金改善城市的公共设施，从而导致公共服务水平和社区生活质量的下降。根据圣迭戈市长于 1984 年委托进行的一项研究表明，1979 版城市总体规划使得城市内部增长率增长了 9 倍，而郊区的增长减半。公共设施相对匮乏与快速城市增长之间的矛盾引起了市民的强烈反对。像很多美国西海岸城市一样（如西雅图和旧金山等），圣迭戈市也一直受制于"投票箱式规划"（Ballot Box Planning），市民往往采用直接的投票方式决定各种建议以改变土地使用的规划政策。在 1986 ~ 1990 年间，市民通过投票的方式共通过了 9 项反对或限制在已建成的社区内作进一步开发的提案（Calavita，1992；Punter，1999；Fulton，2005）。迫于压力圣迭戈市议会在 1989 年修改了城市总体规划，规定每年批准的新建住房项目不得多于 8000 套。在 1993 年，圣迭戈市政府协会通过了新的区域增长管理战略，决定向在城市化地区的建设项目征收发展影响费，并加强保护环境敏感地区和水资源。1999 年圣迭戈市政府协会开始筹划制定新的城市总体规划以寻求可持续的城市发展模式。2002 年，总体规划的战略框架确定，正式提出"乡村都市"的规划理念。

2.2 规划内容

2.2.1 基本规划理念——"乡村都市"

面对着城市快速发展与公共设施落后、可建设土地资源不足之间的矛盾，2002 年提出的城市总体规划战略框架中提出："优美的自然环境和丰富的资源是圣迭戈市赖以生存的物质基础。因此，在21 世纪，圣迭戈的城市建设必须走与保护环境、尊重社区个性和促进社会公平和谐发展的道路。"根据 2007 年统计资料，全市仅有不到 4% 的可建设用地（SANDAG，2008）。因此，2008 版城市总体规划第一次没有扩大前版总体规划范围，转而将重点完全集中在城市建成区再开发与更新上。

加利福尼亚州法律除了规定每个城市都必须编制并及时修编城市总体规划以指导未来的城市发展外，还对总体规划的内容进行了规定，具体包括 7 项强制性内容（土地利用、交通、住房、保护、噪声、开放空间、公共安全）和 14 项非强制性内容（表 2-2）。圣迭戈市总体规划除了涵盖强制性内容外，还根据城市的特殊性综合考虑了非强制性内容，概括起来主要包括八个方面的内容：①土地利用与社区规划；②交通；③城市设计；④经济发展；⑤公共设施与公共安全；⑥城市开放空间；⑦环境与历史保护；⑧噪声控制。下面将逐一进行介绍与分析。

"乡村都市"是 2008 版城市总体规划依据精明增长的理念结合圣迭戈市的实际情况提出的关于未来土地利用模式与城市空间形态的基本构想。它强调圣迭戈市应该发展成为由众多相对独立的"乡村"组团通过快速、便捷的换乘系统联系成的一个多核心的统一整体。这样多核心的结构将有利于保持圣迭戈市多种族和多文化的特点，而组团与组团之间充分利用圣迭戈峡谷交错的地貌所形成的

圣迭戈市总体规划内容   表2-2

加利福尼亚法律规定的内容		圣迭戈市总体规划涵盖范围							
		土地利用与社区规划	交通	城市设计	经济发展	公共设施与公共安全	城市开放空间	环境与历史保护	噪声控制
强制性内容	土地利用	■		■					
	交通		■						
	住房	■							
	保护							■	
	开放空间						■		
	噪声								■
	公共安全					■			

加利福尼亚法律规定的内容		圣迭戈市总体规划涵盖范围							
		土地利用与社区规划	交通	城市设计	经济发展	公共设施与公共安全	城市开放空间	环境与历史保护	噪声控制
非强制性内容	社区规划	■							
	海岸资源	■						■	
	环境正义	■							
	城市设计			■					
	TOD发展	■		■					
	公共设施					■			
	紧急服务					■			
	水资源保护					■		■	
	公园建设						■		
	可持续发展							■	
	机场建设	■							■
	农业用地保护	■			■				
	生物多样性保护							■	
	文化遗产保护							■	

森林公园、谷地、河流湖泊和生态保护区等绿色网络作为缓冲区，既起到限制城市蔓延的作用，又可以保护圣迭戈市"赖以生存的物质基础"。可以看出，"乡村都市"在规划理念和空间结构上受到了霍华德"田园城市"理论的影响。

根据总体规划的定义，所谓"乡村"是指集居住、商业、就业、休闲、娱乐等活动为一体的多功能活动中心（Mixed-use Activity Center）。每一个乡村组团都植根于当地社区独特的种族和文化个性，而未来的城市建设则主要集中在这些组团内部，鼓励土地多功能混合式使用和较高强度的开发，大力改善公共设施水平，加强城市开放空间和街道空间的建设，创造舒适、安全的步行环境。此外，加强住宅多样性的建设，特别是经济适用房和廉租房的建设，从而保障各个社会阶层和收入阶层的人群都可以找到合适的住房。总体规划只是提供一个大的公共政策框架，关于每个"乡村"组团具体的规划边界、详细的土地利用规划、建筑形式和所需的公共设施等具体规划内容会在下一级社区规划中规定。

"乡村都市"战略能否取得成功很大程度上取决于"乡村"节点的选择。在综合考虑建设容量、公共设施水平、交通设施水平、社区个性、环境限制等因素的基础上，圣迭戈市政府协会根据区位、现状、职能和重要性将"乡村"分为五类：①市中心，作为全市唯一的行政、就业、娱乐和文化的区域中心。②次区域就业区，集商业、办公、工业和中高密度居住为主的多功能区域，具体包括米申瓦利（Mission Valley）、莫雷纳（Morena）、格兰特维尔（Grantville）和索伦托梅萨（Sorrento Mesa）等区。③都市乡村中心，作为次区域就业区内的节点，具有更集中的就业和商业，更高密度的居住，更便捷的公共交通，更舒适的步行环境。④社区乡村中心和邻里乡村中心，作为植根于当地的中小型居住中心，主要以商住混合的土地开发模式为主。邻里乡村中心规模小，面积多为几英亩到十几英亩；而社区乡村中心则规模较大，面积最多可达100英亩（约40公顷）。⑤捷运廊道，主要位于区域捷运系统沿线两侧的新的居住用地。

2.2.2 土地利用与社区规划

关于土地利用与社区规划的主要目标，总体规划定位为："在保持或提高社区生活质量的前提下，引导城市向更可持续的方向发展。"该部分不但为实现"乡村都市"的规划理念提供用地政策上的保障，而且在充分尊重社区个性的基础上为下一层次的社区规划提供指导。

首先，圣迭戈市政府协会对截至2006年5月以前圣迭戈市的土地利用和已经审批的各个社区规划中关于土地利用的相关内容进行详细研究，从而分析出城市未来土地发展的趋势（表2-3）。研究发现：①主要位于城市南端和北端为数不多的农业用地将继续减少；②作为一种新的用地类型，混合功能用地将主要出现在市中心地区；③居住用地将成为未来增长最快的用地类型；④工业用地的增长主要集中在城市南部和北部交通便利的地段；⑤商业与服务业用地将减少；⑥公共设施用地将保持稳定；⑦作为全市不到4%的可建设用地，空地将全部开发为其他用途，其中大部分将作为居住用地和工业用地，圣迭戈市的水平发展空间将达到饱和。

圣迭戈市土地利用的现状与规划比较（截至2006年5月） 表2-3

土地使用类型	现状		规划	
	面积（英亩）	百分比（%）	面积（英亩）	百分比（%）
农业用地	6055	2.8	3809	1.7
商业与服务业用地	7887	3.6	5475	2.5
工业用地	8928	4.1	12278	5.6
公共设施用地	37103	16.9	37184	17
混合功能用地	0	0	4534	2.1
绿地	60654	27.6	62692	28.6
居住用地	52389	23.9	55842	25.5
交通用地	31291	14.3	30495	13.9
水域	6932	3.2	6932	3.2
空地	8002	3.6	0	0
总计	219241	100	219241	100

资料来源：SANDAG, 2008

由于圣迭戈市已经没有发展空间，因此内涵式发展成为土地利用规划的重中之重，而"乡村都市"的规划理念正是实现内涵式发展的重要途径。如前所述，总体规划将"乡村"分为五类，即市中心、次区域就业区、都市乡村中心、社区乡村中心和邻里乡村中心、捷运廊道。为了具体落实"乡村都市"的概念，圣迭戈市政府协会采用地理信息系统中的格栅分析技术对市域范围内所有用地的发展潜力进行了全面和客观的评价，从而得出未来可作为"乡村"节点的重点发展地段。具体做法为：将圣迭戈全市划分为以5625平方英尺（75英尺×75英尺）[①]为单位的格栅；将20多种有利于创建步行友好型城市环境和鼓励公共交通使用的土地使用方式和交通设施作为影响因素纳入评价模型，并根据影响程度赋予不同的权重；为了体现距离对影响程度的影响，根据到每个影响因素的距离设定了倍增系数（1/8英里、1/4英里[②]）；将所有位于影响因素的影响范围内的格栅赋值（权重×倍增系数）；将各种影响进行叠加，并按照综合得分的高低绘制地图，得分越高，发展潜力越大（表2-4、图2-4）。

发展潜力分析影响因素及权重 表2-4

影响因素	权重	影响范围（英里）	倍增系数	得分
公共捷运车站	5	1/4	1	5
		1/8	2	10
公共捷运线路	4	1/4	1	4
		1/8	2	8
小学（公立和私立）	3	1/4	1	3
		1/8	2	6
中学	2	1/4	1	2
		1/8	2	4
大学	2	1/4	1	2
		1/8	2	4
公共设施	2	1/4	1	2
		1/8	2	4

① 1英尺=30.48厘米，1平方英尺=0.09平方米。
② 1英里=1609.344米。

影响因素		权重	影响范围（英里）	倍增系数	得分
公园		1	1/4	1	1
			1/8	2	2
高中		1	1/4	1	1
			1/8	2	2
集合住宅	11～15户/英亩	1	1/4	1	1
			1/8	2	2
	16～30户/英亩	2	1/4	1	2
			1/8	2	4
	31～45户/英亩	3	1/4	1	3
			1/8	2	6
	46～75户/英亩	4	1/4	1	4
			1/8	2	8
	76～110户/英亩	5	1/4	1	5
			1/8	2	10
混合功能用地	11～15户/英亩	3	1/4	1	3
			1/8	2	6
	16～30户/英亩	4	1/4	1	4
			1/8	2	8
	31～45户/英亩	5	1/4	1	5
			1/8	2	10
	46～30户/英亩	6	1/4	1	6
			1/8	2	12
	76～110户/英亩	7	1/4	1	7
			1/8	2	14

续表

影响因素		权重	影响范围（英里）	倍增系数	得分
市中心混合居住用地		8	1/4	1	8
			1/8	2	16
市中心混合非居住用地		4	1/4	1	4
			1/8	2	8
游客相关设施		4	1/4	1	4
			1/8	2	8
宾馆或汽车旅馆	低层	2	1/4	1	2
			1/8	2	4
	高层	3	1/4	1	3
			1/8	2	6
重工业、物流业		1	1/4	1	1
			1/8	2	2
轻工业		2	1/4	1	2
			1/8	2	4
行政和商务办公		3	1/4	1	3
			1/8	2	6
区域性零售业		2	1/4	1	2
			1/8	2	4
社区性零售业		3	1/4	1	3
			1/8	2	6

资料来源：SANDAG，2008

在完成全市发展潜力现状评价后，圣迭戈市政府协会针对不同类型的"乡村"试点提出了不同的发展策略：在市中心要加快高密度集合公寓的建设，保持并提高其区域行政、就业、娱乐和文化中心的职能；鼓励就业向次区域就业区进一步集中，同时加快中高密度住宅的建设；在综合考虑公共设施容量等因素的基础上，在全市范围内新建一些都市、社区和邻里乡村中心；在捷运廊道两侧进行集商业、就业等功能为一体的、高密度的混合居住模式的开发。在以上分析基础上，圣迭戈市政府协会完成了土地利用规划（图 2-5）。

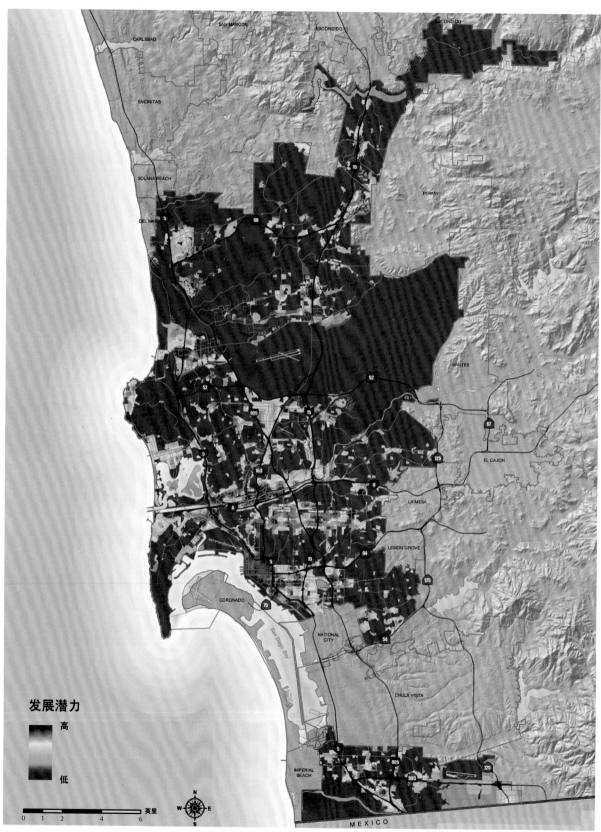

图 2-4　发展潜力分析

资料来源：SANDAG，2008

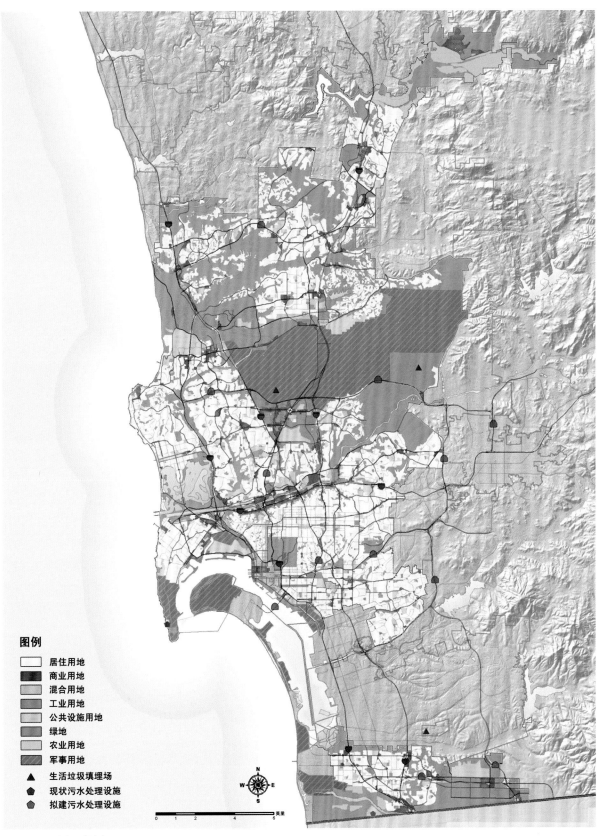

图例

- 居住用地
- 商业用地
- 混合用地
- 工业用地
- 公共设施用地
- 绿地
- 农业用地
- 军事用地
- ▲ 生活垃圾填埋场
- 现状污水处理设施
- 拟建污水处理设施

0 1 2   4   6 英里

图 2-5 土地利用规划

资料来源：SANDAG，2008

在社区规划的层面，总体规划除了为其提供了一套完整的政策框架外（主要包括了社区规划文件的制定、修编程序、实施过程等），主要创新在于提出了"平衡社区"的发展理念。其目标在于为各收入阶层（特别是低收入阶层）提供可负担住房，以保障社区的多元化和社会的公平发展。该理念主要是为了避免在很多城市再发展中出现的"绅士化"现象，即随着某一地区城市环境的更新，低收入阶层逐渐被高收入阶层取代的现象。作为该理念的主要政策支持，2003 年通过的《圣迭戈市包容性住房条例》规定所有新建住宅项目必须提供至少 2 套可负担住房。具体通过两种方式实现：一是由开发商在项目中直接提供并以低于市场价的方式销售或出租；二是开发商向"可负担住房信用基金会"（the Affordable Housing Trust Fund）缴纳与市场价等值的替代款，汇集的基金将由"住房委员会"（the Housing Commission）统一支配，用于市政府未来经济适用房项目的建设。政府的经济适用房项目对于实现"乡村都市"的总体战略具有重要作用。关于选址的原则，总体规划规定主要选在具有发展潜力的重点地段，即"乡村"组团中心；关于住宅的具体形式，主要以中高密度、多功能混合、紧凑型居住模式为主，缩短居住与工作、休闲之间的空间距离，减少对私家车的依赖。

2.2.3　交通规划

交通规划是和土地利用与社区规划密不可分的一部分，也是"乡村都市"战略的重要组成部分，主要目标是通过多元化交通网络的建设满足土地利用与社区规划对于未来城市交通的需求，鼓励公共交通、非机动车和步行交通，限制机动车交通，减少对城市环境的消极影响。指导交通规划的上一层次规划主要包括区域交通发展规划（Regional Transportation Plan，简称 RTP）和区域拥挤管理计划（Congestion Management Program，简称 CMP）。RTP 是一项由联邦政府和州政府资助的、长期性的区域交通发展规划，主要来制定远期的交通发展目标和确定重大的区域交通项目；而 CMP 则是在 RTP 的指导下逐步落实一些短期性的目标。交通规划主要包括步行交通、公共交通、机动车交通、自行车交通、智能交通系统、交通需求管理等方面的内容。由于圣迭戈市社区的多样性和复杂性，交通规划并没有对各个社区进行具体的规定，而是采用更加灵活的"工具箱"（Toolboxes）模式，即总体规划提出一系列可行的策略参考供不同社区根据自己的实际情况来选择。

总体规划将步行交通作为交通规划的首要问题，其目标是建设一个安全、舒适、便捷的步行环境。为了保证安全，特别是对于未成年人，总体规划提出要充分利用社区居民和地方团体的力量，具体政策主要包括：帮助居民成立接送小孩上下学的互助组织；在新学校选址时充分听取所在学区居民的意见，保证更多学生就近上学；加强对司机安全驾驶的教育。此外，总体规划提出一系列改善街道环境的策略，如：增添街道绿化和设施，改善街道照明等（表 2-5）。

交通规划第二个主要方面是公共交通规划，目的是建立便捷高效的公共交通网络，鼓励搭乘公共交通出行，降低对小汽车的依赖，实现节能减排，改善空气质量，增加城市渗水表面积和保护城市环境等目标。主要发展策略是通过区域性合作来鼓励以公共交通为导向的发展模式（TOD 模式）。《圣迭戈市 2030 年区域交通规划》为公共交通规划提供区域性合作的框架，具体内容包括：与其他区域机构深入合作建立区域的快速公交系统（BRT 系统），推行公交优先的政策，划定公交专线；将公共交通网络的布置与土地利用规划结合起来，将公交线路布置在人口密集的"乡村"组团核心，方便更多人的使用；鼓励以公交站点为中心步行范围内土地的混合高密度开发，并结合公共设施和公共空间综合布置；使用清洁燃料的公共交通车，减少空气污染（图 2-6 ～图 2-9）。

步行改善政策"工具箱" 表2-5

步行改善工具	具体描述	图示
步行交通信号系统	设计无障碍的步行交通信号系统，如通过触摸、语音和振动等方式	
	设置人行横道的交通信号灯	
	设置步行信号灯倒计时系统，减少行人违章过马路的行为	
人行道设计	开辟更多的街道之间的步行通道	
	设置人行道照明系统保证晚间行人的安全	
	在步行人流密集的地方设置立体步行交通设施（如天桥等），减少行人与机动车交通的冲突	
	增设座椅等方便行人使用的街道家具	

续表

步行改善工具	具体描述	图示
路面设计	在道路中间设置隔离带，保障行人过马路的安全	
	减小街道交叉口的转弯半径迫使机动车转弯时速度降低，保证行人的安全	
	在交叉口设置人行道拓宽区，既减少行人过马路的距离，也有效限制车辆转弯速度	
	增设缓坡的设计以方便轮椅使用者和老年人的使用	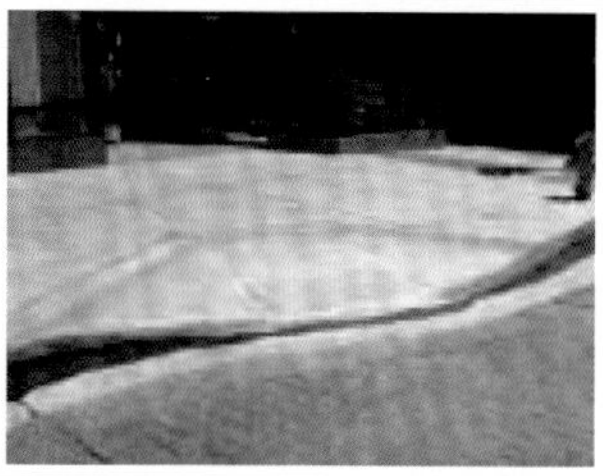
人行横道	提高人行横道的可识别性和醒目性	
	设置抬升型人行横道，降低机动车通过路口的速度	
	沿人行横道两侧设置地灯，保证晚间行人的安全	

续表

步行改善工具	具体描述	图示
绿化	在沿街停车区和人行道之间设置绿化缓冲区，减少机动车与行人的冲突	
	增加街道与人行道之间的绿化面积，起到缓冲和美观的目的	
	种植树冠大的行道树，增加树荫覆盖率，为行人提供更多的绿荫	
交通标识	增加交通管制标识，如停车标识和机动车避让标识等	
	增加机动车转弯限制标识，减少机动车与行人之间的冲突	
其他	加强中小学生的交通安全教育，提高交通安全意识	
	增加警力来监督交通违章行为	

资料来源：SANDAG，2008

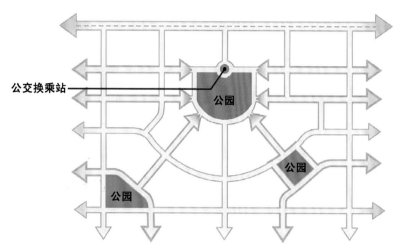

图 2-6　TOD 发展模式

资料来源：SANDAG，2008

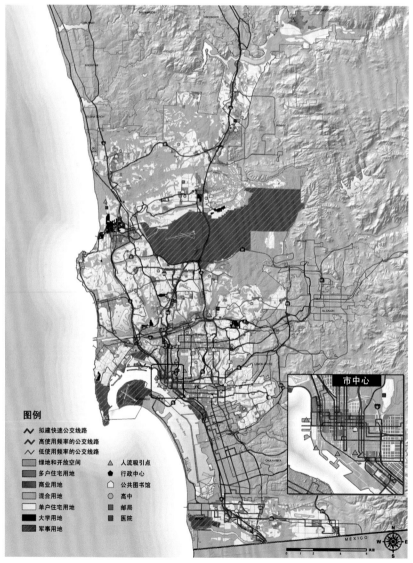

图 2-7　公共交通规划与土地利用规划的结合

资料来源：SANDAG，2008

图 2-8　市区公共交通网络

图 2-9　市郊公共交通网络

在机动车交通规划方面，总体规划在区域层面上强调建立环境友好型的公路网络，在地方层面上则采取限制机动车的政策。主要政策包括：在新的道路及快速路的选址和设计过程中充分尊重自然环境、地形地貌和社区特色；保护道路两侧的树木，并加强绿化建设，减少噪声对周边社区的影响；全面采取冷静交通的发展策略，对机动车的速度和流量进行控制（表2-6）。

冷静交通政策"工具箱"　　　　　　　　　　　　　表2-6

冷静交通工具		具体政策	图示
车速控制工具	斜角沿街停车位	设置斜角沿街停车位不但有利于增加沿街停车位数量，而且将有效地降低车速	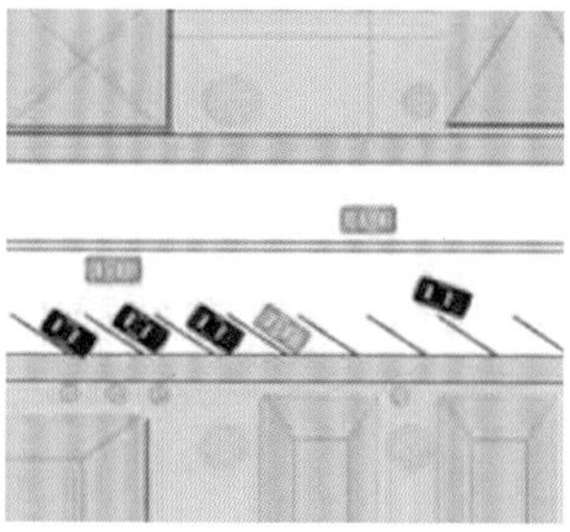
	三角形降速点	设置三角形路牙线拓宽区作为降速点，降低车速	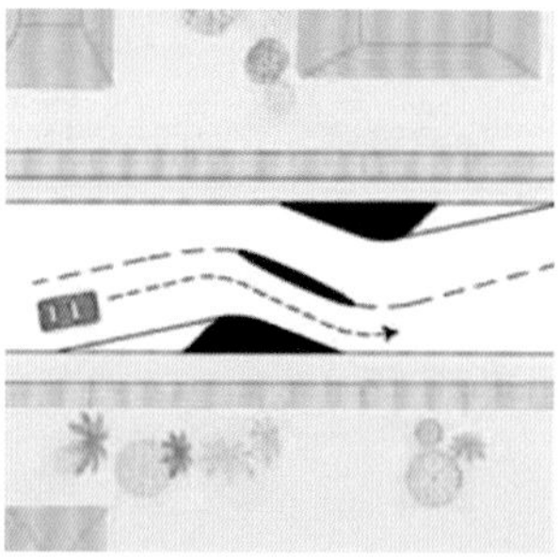
	半圆形降速点	沿道路的两侧依次设置半圆形路牙线拓宽区，迫使机动车成S形通过，降低车速	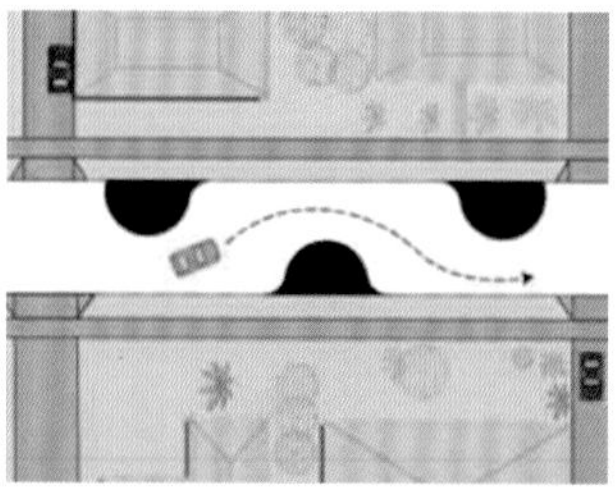
	路面宽度限制点	在双向道路两侧设置对称的路牙线拓宽区，使得道路宽度局部变窄，降低车速	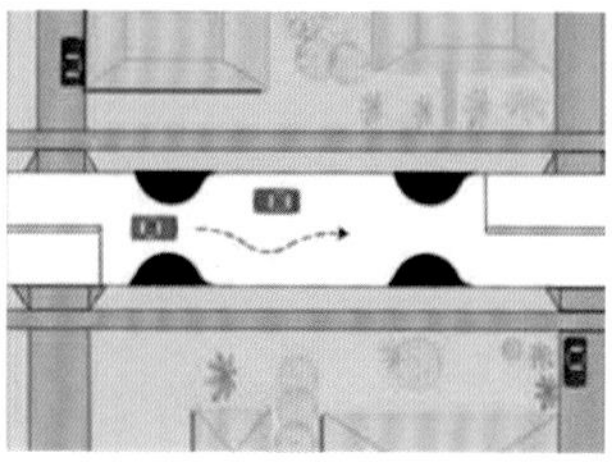
	路口路牙线拓宽区	缩短路口的转弯半径，有利于降低右转车速和缩短行人横穿马路的距离	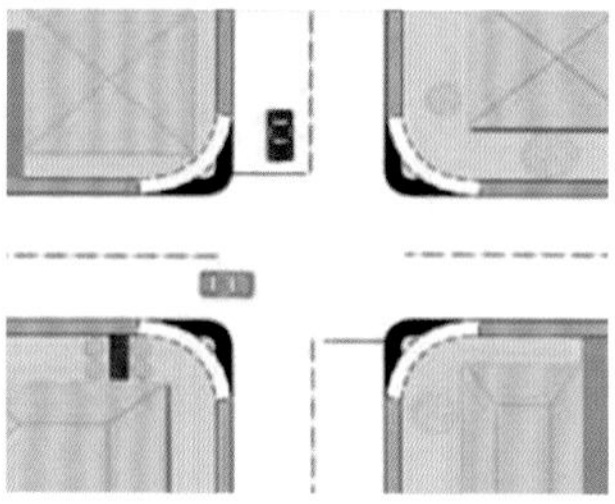

冷静交通工具		具体政策	图示
车速控制工具	道路转弯立体中心线	在道路转弯处设置突起的立体中心线，可以有效降低车速，避免转弯时开到对面车道	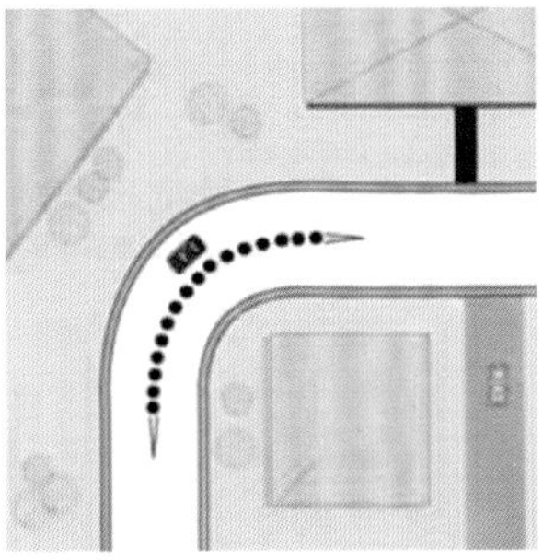
	加强交通执法	增加警力有助于减少超速等违章驾驶行为的发生	
	辅路入口标识	在由城市主干道进入城市辅路的入口处设置醒目的标识（如：不同的路面铺装、标志牌或植被分隔带等），提醒司机正进入居住区	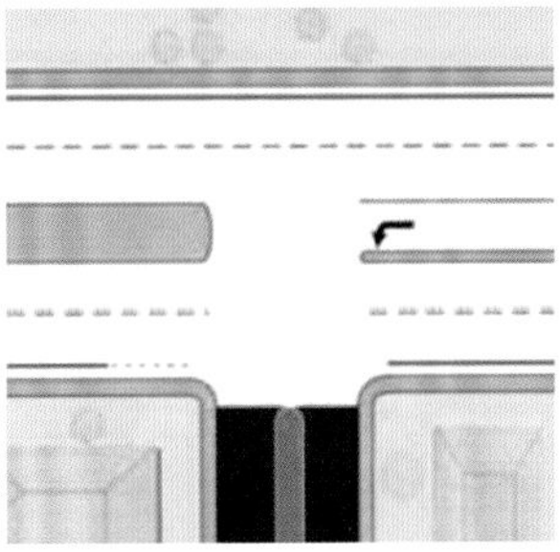
	道路交叉口抬升路面	将道路交叉口的路面抬升至人行道高度可降低车辆通过交叉口的速度，方便轮椅使用者使用人行横道	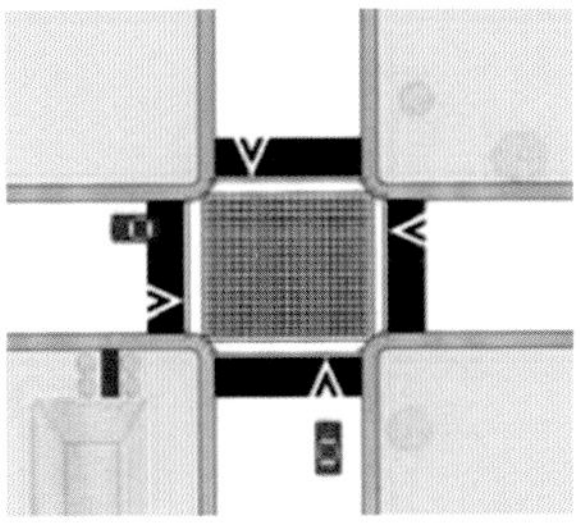
	路口圆形降速点	在交叉口道路转角设置圆形路牙线拓宽区，降低右转车速和缩短行人横穿马路的距离	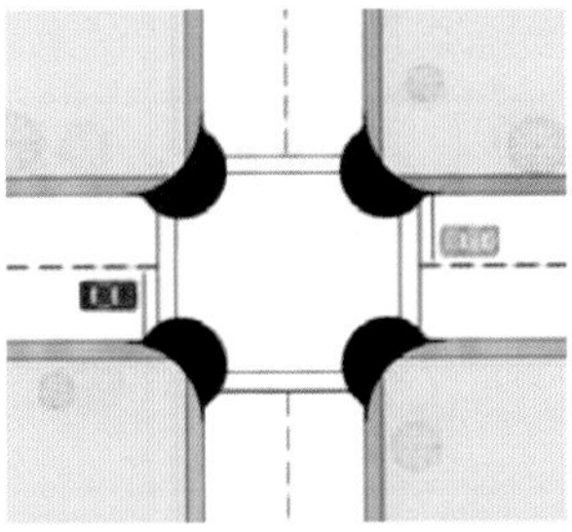

续表

冷静交通工具		具体政策	图示
车速控制工具	临时性测速雷达	临时性测速雷达可以提醒司机注意行驶的速度，同时方便应对道路施工、交通事故等情况	
	抬升型人行横道	将人行横道抬升至人行道高度，使司机更容易看到行人，并降低车速	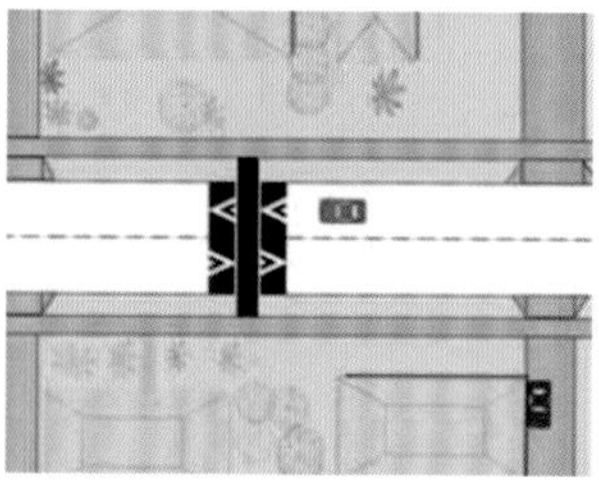
	抬升型道路分隔带	在道路中心设置抬升型分隔带可以保障穿越马路行人的安全	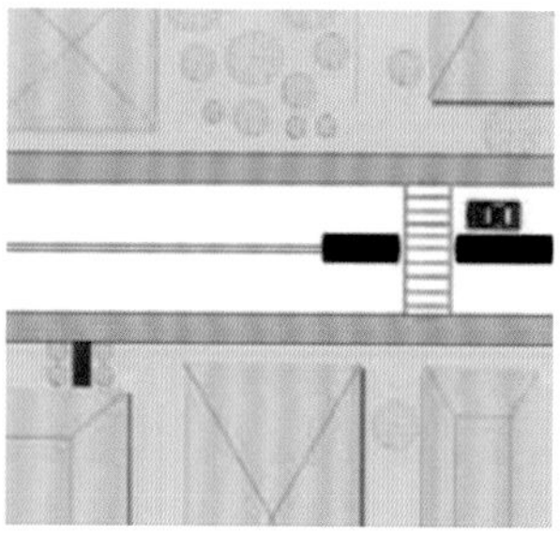
	丁字路口交通引导	在丁字路口设置路牙线拓宽区引导交通	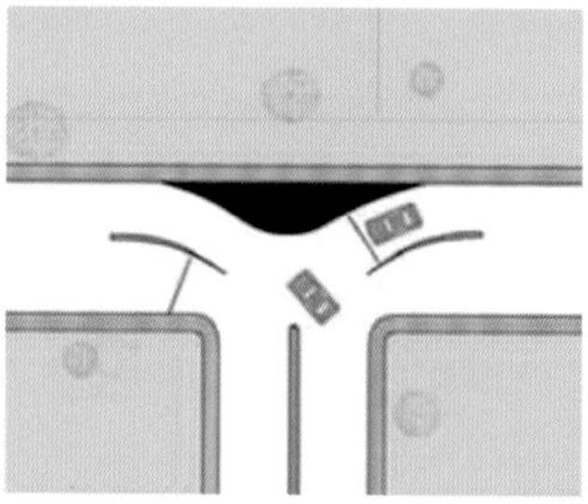
	道路行车道分割线	将道路划分为机动车道、非机动车道、沿街停车区等，有利于安全驾驶	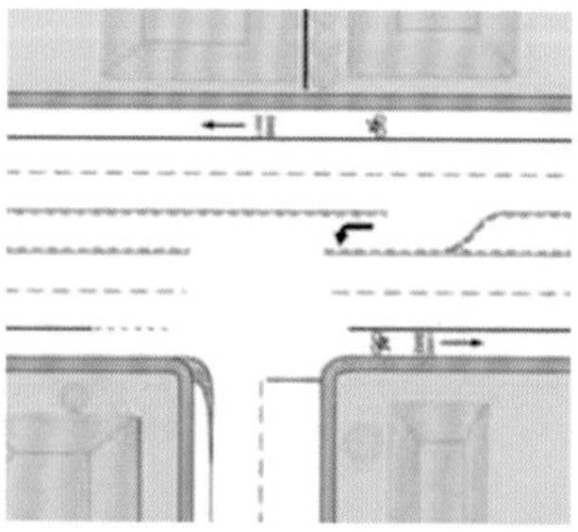

续表

冷静交通工具		具体政策	图示
车速控制工具	交通环岛	在路口设置交通环岛有助于简化路口交通，降低车速	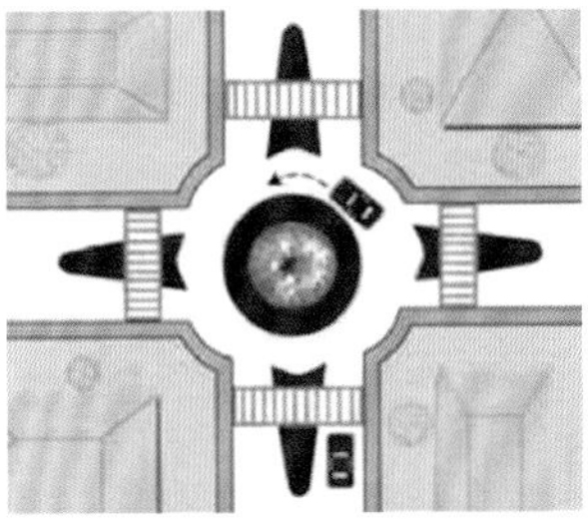
	路口道路分隔带	在路口处设置道路分隔带会帮助车辆转入正确的行车道，同时可降低转弯速度	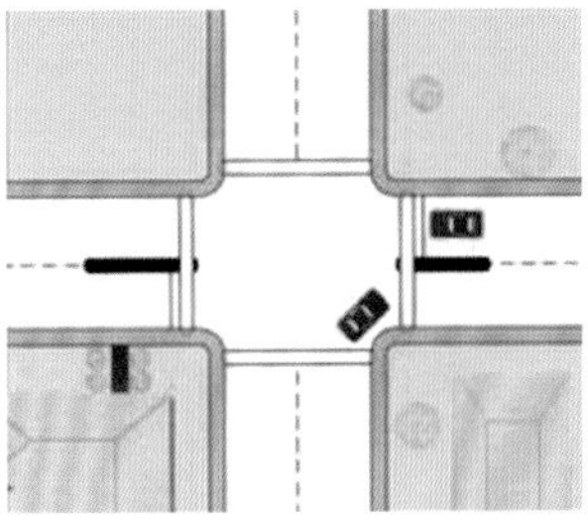
	交通标示牌	设置交通标识牌提醒司机限速信息	
	永久性测速雷达	永久性测速雷达与限速标示牌配合使用，帮助司机注意行车速度	
	连续性行车减速带	设置横跨道路的连续性减速带可有效地降低车速	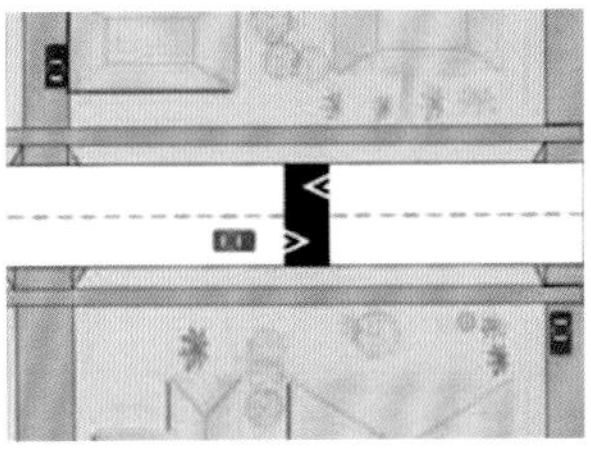

冷静交通工具		具体政策	图示
车速控制工具	分离性行车减速带	分离性行车减速带不但可以有效地降低车速，而且可以使紧急车辆不必减速通过	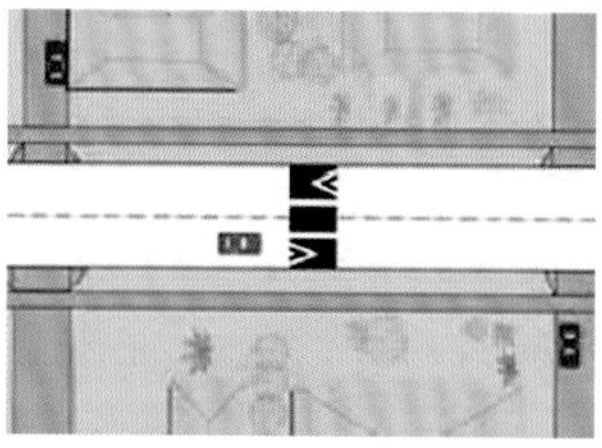
	行车减速台	与减速带不同的是减速台上表面是平面，不但可以使汽车减速，而且可作为临时的人行横道	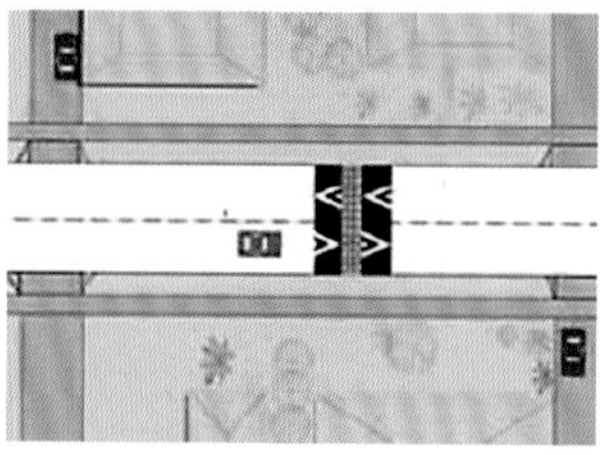
交通流量控制工具	十字路口交通分流带	在十字路口设置交通分流带可以有效地减少过境交通量	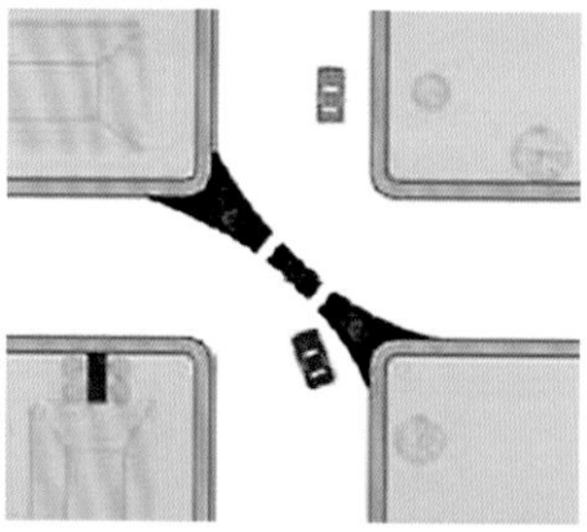
	全道路交通封锁带	设置道路交通封锁带既可完全阻断机动车交通，又不影响非机动车和紧急车辆的通行	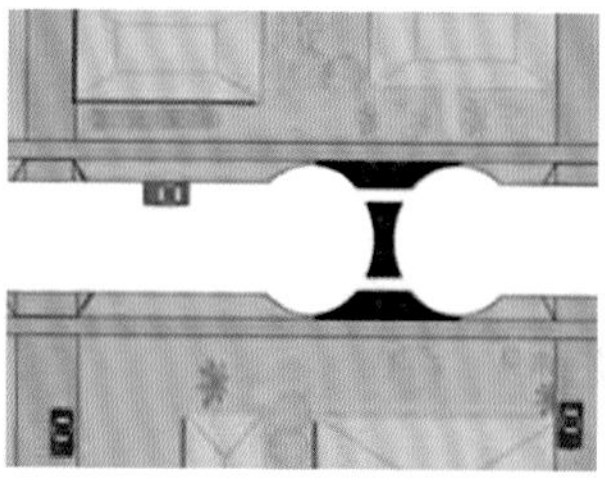
	十字路口中心线分隔带	在十字路口的中心线设置分隔带可以避免左转车辆，减少过境交通量	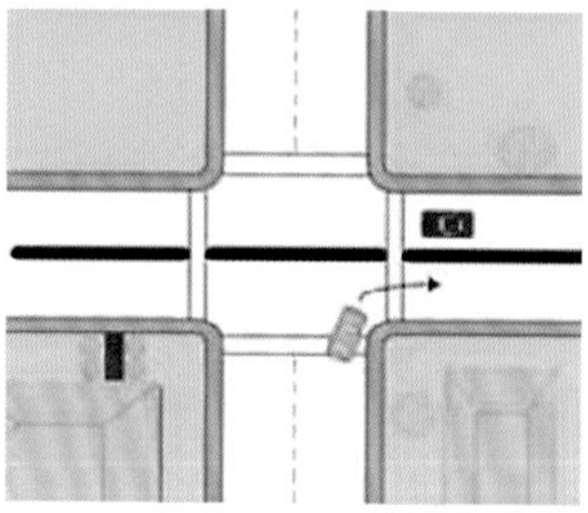
	半道路交通封锁带	半道路交通封锁带可以封闭道路的一部分，限制特定方向的机动车交通量，但不影响非机动车和行人	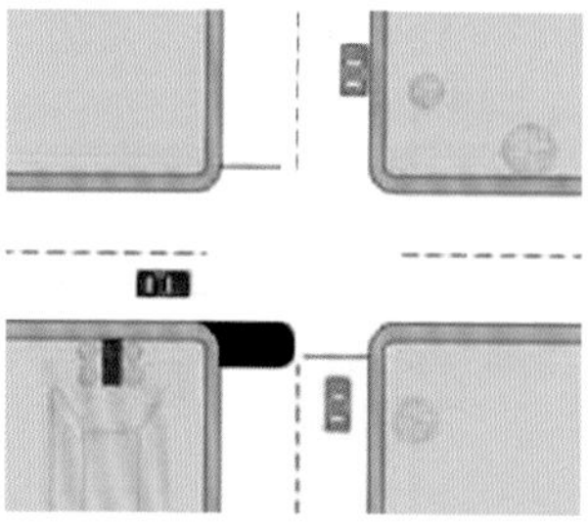

续表

冷静交通工具		具体政策	图示
交通流量控制工具	丁字路口交通环岛	在丁字路口设置交通环岛可以限制左转的车辆，减少交通量，简化路口交通状况	
	转弯限制标识牌	设置转弯限制标识牌可以减少过境交通量，同时可以通过在标识牌上注明具体限制时段达到弹性控制的目的	

资料来源：SANDAG，2008

自行车交通是交通规划关注的第四个主要方面，目标是建立安全便捷的城市自行车网络，鼓励自行车使用，实现步行友好型和环境友好型的交通环境（图2-10）。作为短途交通工具，自行车的最佳服务半径约为5英里，即行驶30分钟的距离。具体政策包括：在现状主要道路两侧上增设自行车道，在全市范围建设连接主要人流吸引点的安全便捷的自行车网络；加强自行车网络与公共交通网络的无缝连接，扩大服务范围；完善与自行车交通相关的服务实施等。

在智能交通系统方面，总体规划强调运用电子、通信和信息等新技术来创造高效、生态、安全的城市交通网络。圣迭戈市的智能交通系统主要由高速公路管理系统、主干道管理系统、公共交通管理系统、突发状况应对系统、交通监管系统和旅游服务系统等组成。圣迭戈区域智能交通系统战略规划为智能交通系统的发展提供宏观的指导，具体的发展策略包括：建立智能交通系统区域管理中心，建立城市交通及时更新的数据库，完善电子交通监管设施，成立专项基金支持与智能交通相关的研究等。除了智能交通系统外，总体规划还提出交通需求

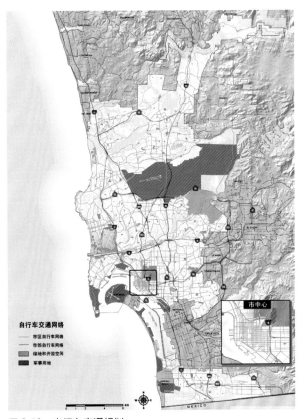

图2-10　自行车交通规划
资料来源：SANDAG，2008

管理的目标，即不通过新建或拓宽道路等传统方式解决交通拥挤和空气污染等问题。圣迭戈市政府协会创新性地提出提高交通效率是要促进人的流动，而不是车的流动。基于以上原则，总体规划提出一系列具体政策，主要包括：利用激励机制鼓励城市主要雇主采取弹性工作制，分散高峰期的交通压力；在城市主要就业区提供多种通勤选择，鼓励公交通勤和自行车通勤；在高速公路上设立拼车专用道，建立拼车服务中心为市民提供及时的拼车信息，鼓励拼车通勤，减少一人一车的情况等；将提供多种交通设施作为新建建筑的规划条件，如自行车存放处、拼车停车位等。

2.2.4　城市设计

关于城市设计的整体目标，总体规划定位为："创造与经济、社会和文化相符合的建成环境。"鉴于圣迭戈的城市特色，城市设计所涵盖的建成环境不但包括人文环境（如建筑、街道和广场等），还包括自然环境（如海岸线、谷地和森林等）。圣迭戈舒适的地中海型气候特别适合户外活动，早期城市建成环境主要以结合自然环境和鼓励步行交通为主，建设了很多尺度宜人的街道空间，造就了圣迭戈独特的城市空间特点。然而二战后，随着机动车保有量的激增，很多城市更新项目盲目地扩宽道路，破坏了原有的城市空间结构。因此，总体规划提出城市空间设计要在解决新城市问题（如：安全和机动车交通拥挤等）的基础上，回归圣迭戈传统的城市空间发展道路，实现"乡村都市"的规划理念。城市设计的基本原则包括：在现有建成环境基础上进行完善，推行步行友好型的紧凑型城市空间发展模式，鼓励在现有人口密集区进行城市更新和发展，保护自然环境，尊重历史和文化的多样性，保护和完善城市公共空间体系，维护稳定的居住社区等。具体的内容涵盖居住社区、"乡村"组团中心、城市公共空间等方面。

居住社区的城市设计旨在保护社区的特色，实施内涵式发展战略，加强住宅多样性的建设，创造尺度宜人的步行环境，提升整个社区的魅力和活力。具体政策包括：住宅设计强调新建住宅要与社区风格相协调，不应对周边步行环境产生负面影响（如产生阴影区或风道），在同一住宅项目中应尽量包含多种居住形式，特别是经济适用房和廉租房；在土地细分时尊重社区原有的尺度和形式；沿街建筑设计保持连续、统一的街道界面，一层沿街立面鼓励设置门廊、阳台或玻璃窗等建筑元素，丰富街道空间，尽量将车库或仓库设置在建筑的背街面；街道网络设计强调通达性，避免尽端路，加强与公共交通和社区中心的非机动车和步行联系，限制机动车。

"乡村"组团中心的城市设计旨在建设适宜步行的多功能商业中心和鼓励街道生活的活力中心。具体政策包括：在用地布局上鼓励水平方向的功能混合；在建筑设计上鼓励一层沿街立面用作零售业和服务业，上层提供多种居住形式的垂直方向的多功能混合式开发，一层沿街立面鼓励设置入口、橱窗、雨棚、户外座椅等建筑元素；在场地设计上鼓励将约10%的用地作为开放空间向公众开放，并给予一定的容积率奖励作为补偿；在街道设计上增设人行道和步行服务设施（如座椅、路灯、植被、饮水器等），同时结合公园、绿地、庭院等开拓步行捷径支路，加强步行网络与公共交通网络的联系；在街道网络设计上，建设符合人体尺度的小街区，对大街区或巨型街区进行改造，对于体量巨大的商业建筑，通过加建的方式鼓励步行（图2-11、图2-12）。

公共空间的城市设计旨在创造符合社区特色的、聚集人气的城市公共空间体系。具体政策包括：建立完善的公共空间体系，即每个"乡村"组团要在人流最密集的地段规划至少一个大型公共空间，并建设遍及社区的、方便居民到达和使用的众多中小型公共空间；大型公共空间的设计要反映社区文化特色，并满足庆典、展销、表演、休闲等多种活动的需求；中小型公共空间满足日照和通风等的基本要求；鼓励在公共空间中设置公共艺术品，公共艺术品的创作应反映社区文化特色，特别鼓励通过公众参与的方式完成。

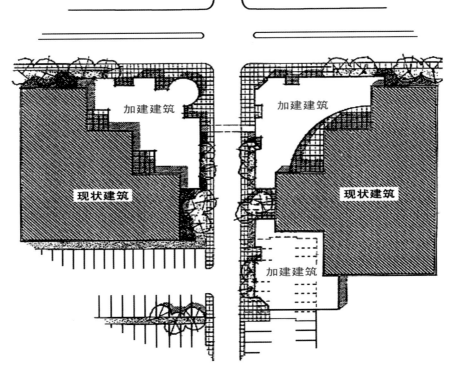

图 2-11　大型商业建筑的改建方式
资料来源：SANDAG，2008

图 2-12　鼓励步行的大型商业建筑

2.2.5　经济发展

关于经济发展的整体目标，总体规划定位为："建立创新型的、可持续的多元经济结构，增加民间财富，加强对社区的投资，提高市民生活质量。"为实现该目标，在总体规划中制定了更加详细的经济发展战略规划，并提出要重点解决的问题，包括：建设具有国际竞争力的产业族群，加强对劳动力的教育与培训，为实现产业布局安排合适的用地，改善区域投资环境，培育高新技术产业。关于未来产业结构设想，总体规划提出"重点发展电子信息、生物技术、地球与环境科学、教育、旅游、国际咨询、军事工业和国际贸易等高附加值朝阳产业，同时保护提供最大就业岗位的传统劳动密集型产业"的发展思路，具体的内容包括产业用地、商业用地、劳动力教育与培训、就业发展、社区与基础设施投资、城市更新等方面。

总体规划将产业用地分为基本产业用地和非基本产业用地。基本产业是指面向全国和国际市场的产业，它反映着一个城市的竞争力。目前，圣迭戈最重要的基本产业是高科技制造与研发，它提供了城市大多数中产阶级工作岗位，其他基本产业还包括国际咨询、旅游业和军事工业等。非基本产业是指为基本产业或基本产业的从业者提供产品和服务的产业。对于基本产业，总体规划提出要重点保护和支持现有的基本产业，大力发展其他高科技产业，鼓励基本产业向市中心和次区域就业区集中，在保证不影响居住功能的前提下允许基本产业建在都市乡村中心和社区乡村中心。鉴于军事工业的特殊性，对于紧邻军事用地的土地利用规划和社区规划要与军方仔细协商，保证两者之间不互相干扰。对于非基本产业，引导非基本产业向次区域就业区和都市乡村中心集中，鼓励非基本产业用地的高密度开发，为人口密集区提供充足的服务人口和工作岗位。

总体规划将商业用地分为区域商业用地、捷运廊道商业用地、社区商业用地和邻里商业用地，并根据不同类型的不同特点提出了具体的政策。对于区域商业用地，鼓励在都市乡村中心和次区域就业中心建设具有特色的购物中心。对于捷运廊道商业用地，鼓励在主要捷运站点周边建设集居住、酒店、办公、娱乐等功能混合的商业中心，减少商业用地对私家车的依赖。社区商业用地主要通过更新的方式发展，通过扩建和完善的方式加强其作为社区中心的职能，同时鼓励土地的混合使用。邻里商业用地应满足周边社区步行范围内的居民使用。在商业发展策略上，区域商业用地和捷运廊道商业用地支持大型商业项目的开发，提高地方税收，而社区商业用地和邻里商业用地鼓励由当地居民经营的小型商业的发展，保障大部分的利润留在地方经济中，促进对社区发展的私人投资。

鉴于总体规划将高科技产业作为未来产业发展的方向，提高劳动力质量对于圣迭戈市能否顺利完成产业转型目标显得十分重要。劳动力培训和职业教育成为经济发展的一个重要方面，具体政策包括：加强对低收入人群、少数族裔、残障人士等弱势群体的劳动力培训，帮助他们提高劳动技能；将劳动力培训与最新就业需求挂钩，为公众和培训机构提供最新劳动力市场的信息；利用城市力量促进联邦和州政府关于提高劳动福利的立法，提高劳动者健康保险等福利（图 2-13、图 2-14）。

在社区与基础设施投资上，总体规划确定了"公共投资推动，私人投资为主"的策略，在住宅建设、商业发展和社区服务等领域与民间资本建立广泛的合作。圣迭戈市用于社区与基础设施建设的公共投资主要来自联邦和州政府的社区发展基金，主要用于为地方小型商业和处于孵化期的新兴技术产业提供低息贷款和技术支持，通过社区基础设施的建设和完善引导私人资本向中低收入社区投资，实现区域发展的公平。

针对经济衰落地区，总体规划提出了"兼顾经济和社会双重成本"的城市更新原则。在城市更新中，社会成本主要是以搬迁原住民的形式表现，而社会收益则表现为增加就业岗位，建设可负担住宅，改善公共设施，提高社区归属感等。具体政策包括：利用税收增额融资制度（Tax Increment

Financing）等经济手段促进大型工程和基础设施的建设，刺激经济复兴，创造就业岗位；在更新地区的原址或周边进行可负担住宅的建设，使拆迁人口数量最小化。

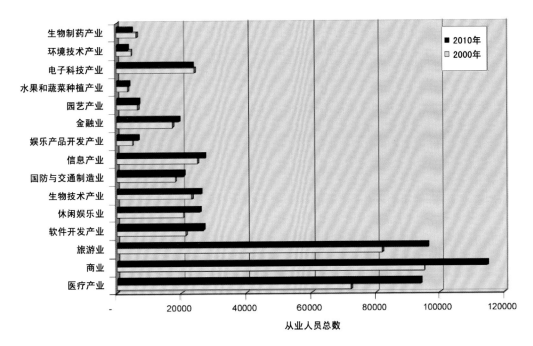

图 2-13　就业人口分布

资料来源：SANDAG，2008

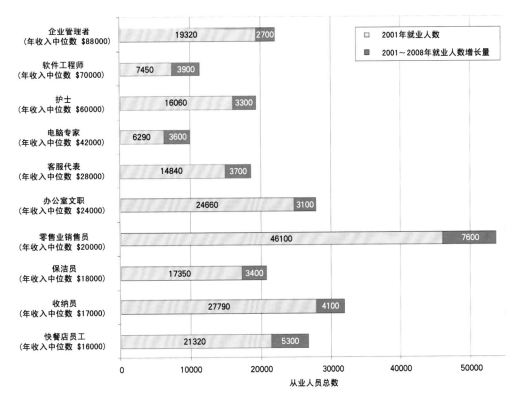

图 2-14　2001～2008 年就业岗位增长最快前十类职位

资料来源：SANDAG，2008

2.2.6　公共设施与公共安全

关于公共设施与公共安全的整体目标，总体规划定位为："既满足城市当前又满足未来发展对于公共设施和公共安全的需要。"此外，公共设施还是市政府引导城市内涵式发展和控制城市蔓延的重要工具，主要内容包括：公共财政的规划与评估、消防与治安、学校与图书馆、水资源管理等。

公共财政是公共设施规划得以顺利实施的保障，也是公共设施规划的重要内容。新版总体规划继续沿用了1979年总规对城市用地的划分，即城市化地区、城市化筹建地区和未来城市化地区，并对不同地区采用不同的公共财政政策。对城市化筹建地区的开发项目征收设施效益评估费，该费用涵盖由新建设所带来的全部公共设施的建设投资，包括供水、供电、供热、治安、消防、交通等方面。设施效益评估费为一次性缴纳，在设施建好后由政府的公共财政来支持日常维护费用。对城市化地区的开发项目征收发展影响费，与设施效益评估费不同，发展影响费并不涵盖新增公共设施的全部建设投资，根据开发的具体项目和规模，开发商仅需缴纳与其使用公共设施的比例相符的金额，其余由现状周边居民共同承担。因此，发展影响费往往比设施效益评估费要少得多，这就鼓励了在城市建成区的内涵式发展（图2-15）。

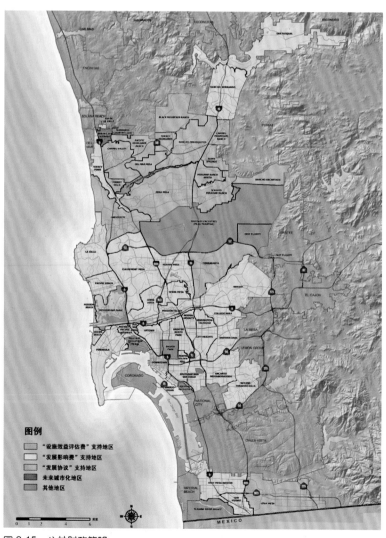

图2-15　公共财政策略
资料来源：SANDAG，2008

　　为了高效和公平地使用公共财政以改善公共设施，圣迭戈市政府协会成立了"财政使用改善项目"（Capital Improvements Programs，简称 CIP）负责制定年度公共财政计划。该项目对每年公共设施项目的类型和重要性进行客观评价，主要评价标准包括资金状况、工程进度、健康与安全、服务容量和水平、是否符合规划、成本收益分析等，然后根据评价结果引导公共财政的使用。此外，圣迭戈市政府协会还建立了全市规模的公共设施监测系统方便公众查询，主要包括三个方面的内容：①现有公共设施信息——目录、服务容量和水平、维修日志、设施详细信息（地点、尺寸、使用年限、使用时间、建造成本等）；②拟建公共设施信息——设计方案、资金状况、使用与维护要求、服务容量与水平等；③ CIP 信息——财政来源、工程与资金计划、工程造价、地点、进度等。

　　关于消防与治安规划主要是要提高城市防治火灾、急救与营救，以及应对各种突发事件和恐怖袭击的能力。规划制定的主要依据是圣迭戈市政府协会通过地理信息系统辅助技术对全市消防与治安设施现状的基本评价，主要参考的指标包括人口密度、每千人服务人员数量、建筑密度、年事故数量、平均反应时间等，在此基础上确定出需要改善的地区。具体政策包括：提高现有设施中的人员和装备水平，缩短反应时间，每个消防站至少配备 2 名急救人员；完善城市火灾和治安信息系统；在海滩沿线每 1 英里至少设置 10 个救生塔；对于拟建的消防站，满足至少 0.75 英亩的用地，并鼓励与警察局、图书馆等公共设施结合布置。

　　图书馆与学校对于提高市民素质具有重要的作用。对于图书馆，总体规划规定：新建图书馆应至少具有 15000 平方英尺的使用面积，并与乡村组团中心、捷运换乘和学校邻近；现有图书馆应增加电子书籍馆藏和网络服务。对于学校，总体规划要求学校不仅作为教学场所，而且应承担社区活动中心的功能，在教学时间外将操场、教室、图书馆、礼堂等设施向社区居民开放，鼓励学习、娱乐和社交活动，促进社区文化的建设，新建学校在设计风格上应体现社区特色。

　　水资源管理主要包括水源地管理、雨水管理和污水管理等三个方面，旨在为圣迭戈市现状及未来的发展提供安全充足的水资源储备，减少降水对城市管网的压力，对多余的雨水与污水进行处理和再利用。具体政策包括：组织制定远期的水资源管理总体规划，在保护地表水源的基础上，大力挖掘地下储水能力，发展海水淡化等水处理技术，建立紧急水资源储备应对火灾和地震等突发情况；完善城市排水和污水系统，建设雨水收集系统，加强对处理后的雨水与污水的质量监测。

2.2.7　城市开放空间

　　圣迭戈的城市开放空间体系既是圣迭戈市赖以生存的自然基础，也是城市魅力所在，是市民接触自然的场所。根据使用功能的不同，总体规划将城市开放空间划分为三类：①服务型公园（如社区公园、邻里公园等），按照每千人 2.8 英亩的标准配置，满足市民日常休闲娱乐等活动，布置在社区居民步行可达的范围内；②资源型公园（如沙滩、湖泊、历史文化保护区等），作为依托于自然或人文景观的城市吸引点，服务于市民和游客；③自然开放空间（如峡谷、森林等），用来保护自然环境和生态系统。目前，城市开放空间的主要问题是城市发展和人口增加使得资源型公园和自然开放空间面临着被改造成为服务型公园或其他建设用地的压力，而现状服务型公园则分布不均，另外用于城市开放空间保护与完善的财政有限。

　　为解决上述问题，圣迭戈市政府协会制定了城市开放空间体系规划。在规划中，对三种不同类型的开放空间提出相应的设计导则。服务型公园被细分为邻里公园、社区公园、游泳场地、休闲中心四类。邻里公园要求最小面积为 10 英亩，服务范围为 1 英里范围内的 5000 人，主要作为儿童游戏和家庭野餐等活动场地，尽量与学校结合布置。社区公园要求最小面积为 20 英亩，服务范围为 1

英里内的 25000 人，主要作为儿童游戏、青少年运动、成人休闲娱乐、家庭野餐等活动场地，尽量与学校结合布置。游泳场地服务范围为 1 ~ 2 英里内 50000 人，可单独布置也可与社区公园结合布置。休闲中心服务范围为 1 英里内的 25000 人，可单独布置也可与社区公园结合布置，主要功能包括健身房、室内运动场、多功能活动室等。资源型公园的设置要求每千人 15 ~ 17 英亩；自然开放空间的设置要求每千人 1 ~ 2 英亩。

除设计导则外，总规还提出了一系列规划编制和实施方面的政策。在规划编制上重视社区公园的建设，将社区中未被充分利用的土地规划为口袋公园或小游园，同时鼓励社区居民直接参与社区公园的建设与维护；由于用于城市开放空间保护与完善的公共财政有限，公园设计尽量采用绿色节能建筑技术和当地景观植物，减少未来维护成本；通过激励性政策鼓励在私人项目中提供公共游憩设施，如屋顶花园、儿童游戏场等；为解决服务型公园分布不均的问题，总规将经济欠发达社区的城市开放空间建设作为重点。在规划实施管理上，通过加利福尼亚土地细分法案（Subdivision Map Act）对于新的土地细分项目增收公园费（Park Fee）用于该地区城市开放空间的建设与维护。

2.2.8　环境与历史保护

优美的自然环境和多元的文化是圣迭戈城市魅力的基础。因此，总规将环境保护和历史保护作为两个重要方面。

环境保护规划将可持续发展的理念作为指导原则，提出一系列涵盖建成环境、地貌、海岸、湿地、树木等方面的政策。在建成环境方面，要求所有新建建筑至少满足 LEED（Leadership in Energy & Environmental Design）绿色建筑银质标准；政府通过激励性政策鼓励开发商采用生态技术和环保建材，并为其提供技术指导；在景观设计上鼓励选用抗病虫害的本地植被，减少对杀虫剂和化肥的依赖，增加渗水表面，使用雨水收集、节水灌溉和污水循环利用技术；为缓解城市热岛效应，限制屋顶与路面使用深色建材，鼓励修建屋顶花园等。在保护地貌方面，结合峡谷等自然地形建立多元生态栖息地规划区（Multi-Habitat Planning Area）作为永久非建设区，通过严格限制区内基础设施的建设（如电力和给水排水管线）达到禁止建设活动的目的。在保护海岸方面，建立海岸沿线生态敏感区，禁止在区内进行建设；保护和修复海岸沿线湿地与湖泊，防止来自上游的泥沙沉积；保证海岸沿线沙滩的公共性和可达性。在保护树木方面，制定市域森林保护规划，建立专项基金用于培育现状林木，保护本地植被，清除外来植被，保护地方生态环境；加强森林与其他城市开放空间的联系，为市民提供接触自然的场所；要求下一层次的社区规划进行行道树规划，鼓励使用树冠大的本地树种。

如前所述，圣迭戈具有丰富的历史与多元的文化。历史保护规划旨在完整保护各个时期重要的历史建筑，保存城市记忆。规划将圣迭戈的历史划分为四个时期，分别是史前时期（公元前 8500 ~ 公元 1769 年）、西班牙时期（1769 ~ 1821 年）、墨西哥时期（1821 ~ 1846 年）、美国时期（1846 年至今），并依此确定出各个时期历史建筑的名单（图 2-16、图 2-17）。具体政策包括：公有历史建筑的保护主要依靠来自加利福尼亚州历史保护委员会专项基金；私有历史建筑的保护主要依靠激励型政策，例如用于历史建筑保护与维修的花费可以抵税，市政府免费提供建筑维修方面的技术支持；鼓励历史建

图 2-16　圣迭戈老城历史保护区

图 2-17　圣迭戈巴尔博亚（Balboa）公园历史保护区

筑为旅游业服务；加强市民历史保护意识教育，鼓励公众参与到历史保护中，例如组织市民参加市历史保护委员会日常会议。

2.2.9　噪声控制

噪声控制是总体规划的强制内容，具有法律效力，也是影响城市生活质量的重要方面。噪声控制规划旨在通过合理的土地利用安排和噪声控制方法将噪声减弱到可接受的范围，主要内容涵盖土地利用模式、机动车噪声控制、火车噪声控制、飞机噪声控制等。

合理的土地利用模式对于有效地控制噪声具有显著作用。噪声控制规划将用地分为噪声敏感型用地和噪声不敏感型用地，其中噪声敏感型用地包括居住用地、医疗用地、教育用地、宗教用地、公园和开放空间等，噪声不敏感型用地包括工业用地、商业用地、交通用地等。为了方便对拟建项目进行噪声评估，规划进一步提出了不同用地的噪声评估标准，评估后，圣迭戈市政府协会根据结果对拟建项目作出允许建设、需要噪声控制或禁止建设的决定（表 2-7）。此外，规划还提出了四种基本的噪声控制原则，即：减弱声源音量，干扰噪声传播路径，增加声源与受体的距离，对受体采取隔离措施。

机动车交通是圣迭戈市最主要的噪声源，对于城市的声环境有着重要影响。机动车噪声音量主要与汽车发动机情况、交通流量、速度、路面情况、隔离带情况、距道路距离等有关，因此可以通过发动机设计、道路设计和交通管理等方法降低机动车噪声。具体政策包括：加强城市相关车辆管理规定对车辆消声装置的检查，减少发动机噪声；在道路设计上铺设低噪声路面，在道路两侧增设绿化隔离带和隔声屏障；避免将大型货车行驶路线设置在噪声敏感型用地周围，在人行道两侧种植行道树；新建工程要求提供公交、拼车、非机动车、步行等多种交通选择，减少高峰期交通量。火车噪声主要来自汽笛声和车轮与铁轨之间的碰撞，其音量主要与车速、铁轨情况、隔离带情况、距道路距离

用地噪声评估标准　　　　　　　　　　　　　　　　　　　　　　表2-7

土地利用类型		室外噪声量（dB）				
		<60	60～65	65～70	70～75	>75
开放空间	社区公园、邻里公园、自然开放空间					
	室外运动场地					
	农业用地					
居住用地	独体别墅、房车基地、老年公寓					
	集合住宅、商住混合					
市政设施用地	医疗用地、教育用地、宗教用地					
	殡葬设施用地					
商业用地	零售业用地、餐饮服务业用地					
	旅馆业用地					
	商务金融用地、行政办公用地					
	交通设施用地、仓储物流用地、工业用地					

注：　　　□ 允许建设　　　■ 需要噪声控制　　　■ 禁止建设

资料来源：SANDAG，2008

等有关。噪声控制的具体政策包括：避免将铁路布置在噪声敏感型用地周围，建立火车禁鸣区；加强铁轨的日常维护，加建铁路沿线绿化隔离带和隔声屏障。对于飞机噪声控制，规划提出：禁止在圣迭戈国际机场周边 70dB 线以内进行商住混合式开发，禁止在其他机场周边 65dB 线以内进行住宅和公园的建设。

2.2.10　实施评价

为了更好地落实总体规划的相关政策，圣迭戈市政府协会于 2009 年制定行动规划（Action Plan）。行动规划按照目标与实施周期将政策分为实施中、短期、中期和远期四类。实施中是指正在实施但没有具体完成期限的政策，短期是指计划在 3 年内实施并完成的政策，中期是指计划在 3 ～ 5

年内实施并完成的政策，远期是指计划在 5 ~ 10 年内实施并完成的政策。2008 版城市总体规划共提出 733 项公共政策，其中土地利用与社区规划 70 项，交通规划 105 项，城市设计 46 项，经济发展 95 项，公共设施与公共安全 130 项，城市开放空间 85 项，环境保护 140 项，历史保护 17 项，噪声控制 45 项。

2010 年底，圣迭戈市政府协会对两年来总体规划实施情况与效果进行了跟踪研究，并根据行动规划的分类对每个政策进行逐一调查。结果发现：在已经实施中的政策共 580 项，其中绝大部分仍在实施中（97%）；短期政策共 72 项，其中 43 项正在实施（60%），13 项已完成（4%），尚未实施的仅有 16 项（22%）；中期政策共 70 项，其中 14 项正在实施（20%），其余均未实施；远期政策共 11 项，其中 1 项正在实施（9%），其余均未实施。从分析结果上来看，目前总体规划在短期政策实施上比较顺利，其中土地利用与社区规划相关政策完成度最高，而城市开放空间相关政策完成度最低（图 2-18），而在中期和远期政策实施上还需努力。总的来说，总体规划的实施结果令人满意，所有政策的实施率高达 86%。

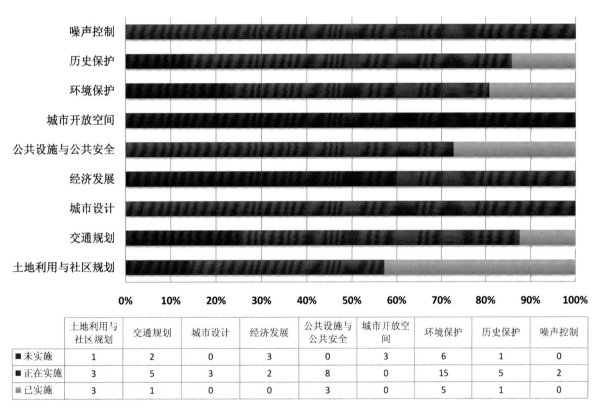

	土地利用与社区规划	交通规划	城市设计	经济发展	公共设施与公共安全	城市开放空间	环境保护	历史保护	噪声控制
■未实施	1	2	0	3	0	3	6	1	0
■正在实施	3	5	3	2	8	0	15	5	2
▨已实施	3	1	0	0	3	0	5	1	0

图 2-18　短期政策实施情况

2.3　启　示

前已述及，介绍圣迭戈市总体规划不但可以提供一个当代美国总体规划的完整实例，也可以借鉴如何将可持续发展、精明增长等理念落实到规划中的具体措施。

改革开放以来，特别是从 1994 年分税制改革至今近 20 年间，在土地财政和 GDP 崇拜双重作用下，我国地方政府的圈地运动正呈愈演愈烈之势，有限的耕地被蚕食，生态环境遭到破坏。尽管中央政府三令五申坚守 18 亿亩耕地警戒线，但在中央与地方的博弈中，城市总体规划成为地方政府从警戒线内获取更多建设用地的工具，频繁修编的总规和不断扩大的城市用地规模成为中国城市化的特色。虽然在东部大都会地区,由于城市人口的增加,城市建设用地的有控制增加具有一定合理性,但是外向粗放型的城市发展模式肯定不符合"科学发展观",越来越多的规划师和学者开始反思(张庭伟,2011;俞孔坚等,2005)。

2011 年 6 月 25 日第 21 个全国"土地日"更是将"土地与转变发展方式——促节约、守红线、惠民生"作为主题,在这样的大背景下,回顾美国圣迭戈市的总体规划更具时代意义,其内涵集约型的城市发展模式也许会为中国的城市总体规划提供重要借鉴。

2.3.1　内涵集约型城市发展模式

内涵集约型城市发展模式是圣迭戈市总体规划最显著的特点,也是"乡村都市"理念的核心内容,是一种目前被国际规划界普遍公认的可持续城市形态。它强调充分挖掘建成区的开发潜力,限制城市无序蔓延,保护城市周边自然环境。在土地利用上,鼓励以公共交通为导向的中高强度功能混合式开发,减少通勤交通量。

然而长期以来,我国城市规划一直深受《雅典宪章》为代表的现代主义规划理论的影响,体现在土地利用规划上强调功能分区。殊不知早期功能分区理念的提出主要是为了将城市其他功能与污染严重的工业用地分开。如果抛开了当时特定的历史条件而一味盲目地强调功能分区,势必会舍本求末,将有机的城市功能机械地割裂开来,带来了一系列城市问题。实际上,很多城市功能并不冲突,即使是工业用地也有零污染工业(如软件开发、产品设计等)。一些成功案例告诉我们:适度的功能混合不但不会相互干扰,而且会减少交通,增加城市活力,提高宜居性(张庭伟 & 王兰,2011)。

2.3.2　为人服务的交通规划

圣迭戈市将交通规划的重点放在解决人流交通问题而非车流交通,因此采取限制机动车发展的冷静交通策略,重点在于鼓励公共交通、自行车交通和步行交通。在城市结构上鼓励"窄道路密网格"的小尺度街区,既有利于疏解城市交通过于集中的压力,也有利于建设宜居的城市环境。

反观我国近些年来"堵城"越来越多的事实,重要原因之一是由于"为车服务"而不是"以人为本"的交通规划理念造成的。一些地方政府在城市建设中好大喜功,不切实际地追求"宽马路 + 大广场"的规划模式,结果造成牺牲步行者的利益而为小汽车提速服务。加之近些年来私家车的普及化,从而使得很多城市陷入"道路建设速度永远落后于私家车增长速度"和"越修越堵,越堵越修"的怪圈。

2.3.3　重视公平的均衡发展

圣迭戈市将经济发展的侧重点放在"增加民间财富,提高市民生活质量"上,在保护和增加就业岗位,提高社会福祉,扶持民间中小企业,加强劳动力教育与培训,提高劳动福利等方面狠下工夫,实现藏富于民的经济发展目标。在住房政策上,提出"平衡社区"的发展理念,为各收入阶层提供可负担住房,特别是重视面向低收入阶层的经济适用房和廉租屋的建设,保障社会资源公平分配,维护社会稳定。

在我国,一些地方政府在制定经济发展战略时过分强调招商引资,盲目追求纸面上 GDP 的增长,而忽略了经济结构平衡、环境成本、社会福祉等更加重要的问题。笔者在 2006 年参与河南省某市总体规划前期调研过程中亲见该市领导为增加纸面上的 GDP 而将城郊数十亩良田免费提供给一家日本大型种猪饲养基地使用,并给予"两免三减"优惠政策。然而该基地在建成后采取全封闭管理,由于采用全机械化喂养,全部雇佣来自日本的员工,俨然成为一个独立王国,没有给当地经济和社会带来任何贡献。这样的盲目崇拜 GDP 的项目绝不是个例。可喜的是,近两年在沿海一些经济发达的省份（如浙江、广东）已经开始将经济发展的重点逐渐转向改善民生。

2.3.4 程序正义的规划过程

圣迭戈市总体规划高度重视规划过程的理性。在规划制定的五年时间内，圣迭戈市政府协会召开了超过 2700 场听证会、电视直播的公共论坛，以及超过 250 场公众研讨会，广泛听取来自政府官员、商业精英、民间机构、利益相关个人或团体、普通公众的意见和建议。圣迭戈市社区规划师委员会（Community Planners Committee）在其中起到了重要作用，该委员会是由来自全市 43 个社区的社区规划委员会主席组成，他们代表着各自社区的利益，并负责组织该社区的公众参与，保障了总体规划的成果很好地平衡与协调各个社区的利益诉求，为下一步规划实施创造了良好的公众基础。根据公众参与等级表（表 2-8），圣迭戈公众参与过程属于"参与"等级。

公众参与等级表　　　　　　　　　　　　　　　　　　　　表2-8

低　　　　　　　　　　　　　　中　　　　　　　　　　　　　　高

	告知	咨询	参与	合作	授权
公众参与目标	向公众提供客观的信息以帮助他们对存在的问题、机遇和解决方法有所了解	获得公众关于分析、解决方法和决策的反馈意见	全程直接参与，确保公众所关心的问题与愿望能够得到关注与考虑	在决策的每个方面，包括解决方法的选择与确定，都与公众形成合作伙伴的关系	赋予公众最终决策权
对公众的承诺	保证公众的知情权	保证公众的知情权，听取公众关心的问题和愿望，考虑公众关于决策过程的反馈意见	与公众一同协作以保证公众所关心的问题与愿望能反映在解决问题的过程中，同时公众能对公众投入如何影响决策过程发表反馈意见	期待公众能就解决方法提出建议或创新，并在决策过程中尽可能地考虑公众的建议	确保公众的决策能够得以实施
技术形式	情况说明书 网站 招待会	公众留言 讨论小组 调查 公众会议	工作小组 协商式民意调查	市民顾问委员会 达成共识 参与式决策	市民仲裁委员会 权力下放

资料来源：于洋，2009

　　尽管我国一些地方政府在总体规划层面上进行公共参与的有益探索，但公众参与往往只停留在低层次的"告知"程度（如：总体规划公示等）。作为规划专业人员，规划师的角色往往也仅限于权力的画图工具，没有真正参与规划决策。诚然，这并不仅仅是城市规划的问题，而是中国延续几千年来自上而下政治体制在规划领域的缩影。在实践中，尽管这在一定程度上提高了决策效率，但缺乏有效的公众参与和监督往往会导致很多负面结果。政府公权力缺乏制约导致与土地和规划相关的部门成为腐败频发的重灾区；闭门造车式的规划方案很难满足城市发展的真实诉求；缺失程序正义的规划成果往往体现出对弱势群体的漠视；没有公众参与的规划成果在实施中遇到各种利益的冲突，最终难以实现。

本章参考文献

[1]Calavita N. Growth machines and ballot box planning：The San Diego case[J]. Journal of Urban Affairs，1992，14（1）：1-24.

[2]City of San Diego. General plan monitoring report[R]. San Diego，CA.，2010.

[3]City of San Diego. General plan action plan[R]. San Diego，CA.，2009.

[4]Fulton W. Ballot box planning and growth management[R]. Sacramento，CA.：Local Government Commission，2005.

[5]Lynch K，Appleyard，D. Temporary paradise? A look at the special landscape of the San Diego region[R]. San Diego，CA.，1974.

[6]Moffatt Riley. Population history of western U.S. cities & towns，1850–1990[M]. Lanham：Scarecrow，1996.

[7]SANDAG. The city of San Diego general plan[R]. San Diego，CA.，2008.

[8]United States Census Bureau. Subcounty population estimates：California 2000–2007[R]. Population Division，2009.

[9]Wagner Fritz W，Joder Timothy E，Mumphrey Anthony J. Jr.，Akundi Krishna M，Artibise Alan F J. Revitalizing the city：Strategies to contain sprawl and revive the core. New York，NY：M E Sharpe Inc.，2005.

[10] 于洋 . 绿色、效率、公平的城市愿景——美国西雅图市可持续发展指标体系研究 [J]. 国际城市规划，2009, 24（6）：46-52.

[11]（加）彭特 . 美国城市设计指南——西海岸五城市的设计政策与指导 [M]. 庞玥译 . 北京：中国建筑工业出版社，2006.

[12] 俞孔坚，李迪华，刘海龙 . "反规划"途径 [M]. 北京：中国建筑工业出版社，2005.

[13] 张庭伟 . 20 世纪规划理论指导下的 21 世纪城市建设？——关于"第三代规划理论"的讨论 . 城市规划学刊,2001(3)：1-7.

[14] 张庭伟，王兰 . 从 CBD 到 CAZ：城市多元经济发展的空间需求与规划 [M]. 北京：中国建筑工业出版社，2001.

第3章 美国首都华盛顿城市设计和安全规划

获得奖项：当前话题奖[①]
获奖时间：2005 年

  1995 年俄克拉荷马市爆炸案发生之后，首都华盛顿迅速增加了迷宫般的混凝土工事、临时栅栏和其他路障设施。然而，由首都规划委员会组织编制的《美国首都华盛顿城市设计和安全规划》改变了这一状况，它将城市设计与安全防卫完美结合起来。现在，来首都的游客和其他人员能够再次沿着白宫前的宾夕法尼亚大道漫步了，而这仅仅只是《美国首都华盛顿城市设计和安全规划》中的一个项目。该规划的目的是保护华盛顿的各类地标建（构）筑物，同时使其更有吸引力，提升其可达性。

——美国规划协会

3.1 项目背景

  美国首都华盛顿，位于美国东北部，全称"华盛顿哥伦比亚特区"（Washington D.C.），是为纪念美国开国元勋乔治·华盛顿和发现美洲新大陆的哥伦布而命名的，别称常青州（图 3-1）。华盛顿在行政上由联邦政府直辖，不属于任何一个州。当时为了平衡各方面的利益，由开国第一任总统华盛顿提议，1790 年定为美国首都（1800 年自费城迁此），1812 年为英军占领，国会、总统府等均被毁。20 世纪以来建设成为现代化城市，成为美国的政治、文化、教育中心（图 3-2）。

  华盛顿一直被认为是城市设计的经典，1791 年法国军事工程师朗方的规划奠定了华盛顿的基本城市格局。朗方根据华盛顿地区的地形地貌、风向、方位朝向等条件，选择了这个地势较高和取用水方便的地区作为城市建设用地，并选定琴金斯山高地（高出波托马克河约 30m）布置国会大厦。朗方的方案以国会大厦为中心，设计了一条通向波托马克河滨的主轴线；又以国会和白宫两点向四面八方布置放射形道路，通往各个广场、纪念碑、纪念堂等重要公共建筑物，并结合

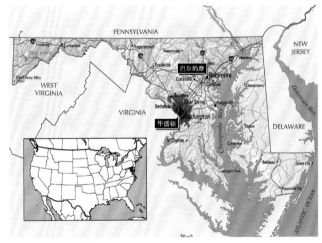

图 3-1　首都华盛顿区位图

---
① 美国规划协会最佳规划奖每年的奖项设置会根据当年的热点问题略有不同，本文介绍的获奖规划正是针对 2005 年的热点——"安全增长"（Safe Growth）。

图 3-2   由华盛顿纪念碑至白宫方向鸟瞰图

资料来源：http://www.nipic.com/show/1/49/813ee87fff069e68.html

林荫绿地，构成放射形和方格网相结合的道路系统。改变了 18 ～ 19 世纪大多数美国城市方格网形道路系统的状况，更难能可贵的是 1791 年的朗方规划的主要规划思想，在以后的 200 年时间始终被贯彻和完善，使华盛顿成为美国乃至世界最美丽的城市之一（图 3-3）。

图 3-3   1791 年朗方的规划

资料来源：克莱普，2008

美国首都华盛顿素来以其宽阔优美的城市街道和开放的开敞空间誉满全球（图3-4～图3-6），然而，在20世纪90年代，美国俄克拉荷马市的艾尔弗雷德·P.默拉（Alfred P. Murrah）联邦办公大楼及美国海外大使馆受汽车炸弹袭击后，我们看到另一番景象，众多的岗哨分布在国家广场①（the National Mall）内，一排排的钢筋混凝土工事包围了各类联邦建筑；许多临时性的路障封堵了宾夕法尼亚大道……各式各样的安全设施俨然已成为华盛顿纪念碑核心区城市景观中一道煞人的风景。尤其是在2001年的"9·11"恐怖袭击事件之后，这些防御工事显著增加。这一方面向公众传达了恐惧的信息，另一方面也破坏了作为一个开放民主国家的基本前提。保护重要的公私建筑在美国是正当的需求，然而，难看的栅栏隔离了公共空间，并创造了一种防卫的氛围（图3-7）。

图 3-4　国家广场（由华盛顿纪念碑至国会大厦）

为摆脱这样的尴尬境地，美国"国家首都规划委员会"（the National Capital Planning Commission，简称NCPC）提出了《美国首都华盛顿城市设计和安全规划》(the National Capital Urban Design and Security Plan)。该规划构想的提出始于2000年3月，当时的美国国会授权国家首都规划委员会成立一个由多部门协调参与的安全机构——部门间安全委员会（Interagency Security Task Force，简称ISTF），评估现有安全设施对具有重要历史意义的华盛顿纪念核心区城市景观造成的负面影响。2001年11月，国家首都规划委员会采纳了ISTF在《国家首都安全设计》(Designing for Security in the Nation's Capital）中提出的建议，即通过城市设计的方法，在满足安全防卫要求的同时，又能尊重现状的振奋人心的城市景观、美丽的开敞空间和华盛顿多年来保持的城市格局。2002年，在

图 3-5　国家广场（由华盛顿纪念碑至林肯纪念堂）

---

① 国家广场，东至国会大厦西至林肯纪念堂、北至宪法大道、南至独立大道的区域。1966年10月15日被列入国家历史遗迹名录。

图 3-6 波托马克河以西城市景观

图 3-7 难看的壁垒、巨大的混凝土工事和岗哨，环绕在建筑周边、布置在街道上，损害了首都的美丽

城市设计师、景观设计师和安全专家的共同努力下，《美国首都华盛顿城市设计和安全规划》形成初稿，2004 年，经过讨论，形成正式稿。

3.2 规划内容

3.2.1 规划范围

规划范围为华盛顿城市中心区和历史核心区域，根据不同区段的特征，将规划区域分为三大类型：一是 5 个关联区域，包括联邦三角（Federal Triangle）、国家广场（National Mall）、西端（West End）、西南联邦中心（Southwest Federal Center）和市中心区（Downtown），集中了绝大部分联邦设施；二是 5 条纪念性街道，包括宾夕法尼亚大道白宫段、宾夕法尼亚大道白宫至国会山段、宪法大道、独立大道、马里兰大道，是核心区最重要的礼仪性道路；三是 3 处纪念设施，即华盛顿纪念碑、林肯纪念堂和杰斐逊纪念堂，均是美国重要的标志性建筑（图 3-8）。

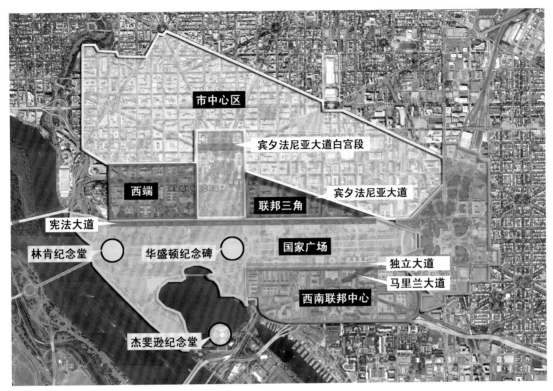

图 3-8　规划范围图

资料来源：NCPC，2002

3.2.2　规划目标

该规划主要具有如下 6 个主要目标：

1）在保证敏感建筑及其居住者的安全与维持公共场所活力之间达到一种平衡；

2）在提升街景，美化公共场所的情况下确保安全，而不是作为以安全为唯一目的独立的或冗余的系统；

3）扩展安全防卫要素的样式，使其既能够有效提高建筑周边安全，又不会对公共场所的景观带来影响，同时避免那些只会引起恐惧的千篇一律的无穷无尽的线形或柱状壁垒；

4）提供一套连续的策略来部署街景和安全要素，优先考虑街道美学上的连续性，而不是在一个行政部门的裁决下为一个单体建筑选择唯一的安全防卫方法；

5）提供建筑周边安全，既不能妨碍城市的商业活动和活力，过度地限制或妨碍人车通行，也不能影响现状树木的健康生长；

6）以成本效益最高的原则协调实施战略（图 3-9、图 3-10）。

图 3-9　美国住房与城市发展部入口广场

图 3-10   美国国家美术馆西馆入口广场

3.2.3   规划编制的主要内容

规划为华盛顿纪念核心区域（Monumental Core）提供了针对不同区域城市特征的设计框架，并对不同区域提出了有针对性的建筑周边安全设计办法。这种综合方法强化了不同区域的特点，同时提出针对单体建筑的安全防卫方法。规划主要包括四个方面的内容：

1）与街景相协调的建筑周边安全设计方法总结。

2）与安全相结合的多样化街景设计概念，以及不同区域街景和街道家具的处理方法。

3）建立循环交通系统模式，开展交通和停车专项研究，在保证安全的前提下，选择合适的交通组织模式和停车方式，比如建立集中的停车设施取代停车场等。

4）安全设施的设计、建设、融资、管理和运营的实施战略。

3.2.4   城市设计框架

针对规划街道的处理方式、安全分区、街道安全设施、移动性和停车性四个方面提出城市设计框架。

3.2.4.1   街道

为了让纪念核心区域有着相同的城市设计特征，规划根据道路宽度、人行道和建筑退界等要素将街道分成四种类型，并对各种类型街道提出相应的城市设计框架（图 3-11）：

1）纪念性大道

纪念性大道连接和界定了城市最重要的区域。宾夕法尼亚大道、宪法大道、独立大道和马里兰大道是维系城市公共空间形象最重要的大道。这些大道的设计应该强调街景的整体性。

2）放射性大道

放射性大道是城市方格网式街道的对角，这些街道要比城市的大多数街道宽，并有着更重要的景观意义。佛蒙特大道、康涅狄格大道和纽约大道应该强调其街道的景观特征。重要的树木覆盖和

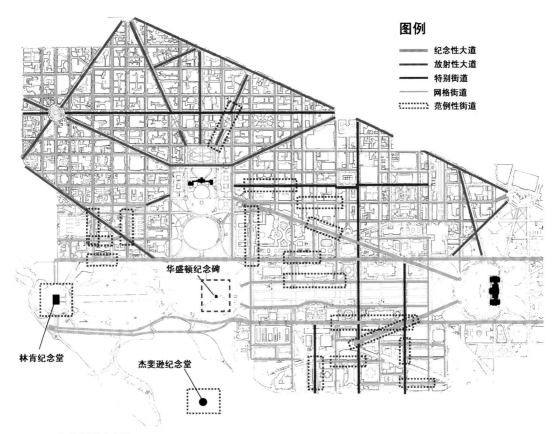

图 3-11 街道类型分布图

资料来源：NCPC，2002

地面盆栽是区分街道设计特征的重要要素。

3）特别街道

特别街道是指连接重要区域或位于特别区域的街道。比如，位于第 10 街的朗方漫步道是史密森尼城堡（Smithsonian Castle）和本杰明·班纳克公园（Benjamin Banneker Park）之间的连接轴线，同时第 4 大街和第 7 大街之间的西南大道是国家广场和滨水区之间重要的连接通道。这些街道的街景设计应该保持并进一步强化其特色。

4）网格街道

网格街道是主要的城市街道类型，彼此之间互相垂直，呈现南北向和东西向布局。这些街道的设计应该考虑每个区域的特征。在市中心区域，街道设计应该建立在现状街景标准上，与原有的设计保持一致，使得安全防卫需求和街道景观需求之间的矛盾最小化。

不同区域之间的设计方法是不一样的，建立在周边区域或不同街道的特征之上。这些区域的设计包括大量的整合安全要素的街景设施，比如安全墙和篱笆、植栽、柱桩，以及硬化的街道家具如路灯、座椅等。这些要素的构成和布置应该考虑所在区域的街道类型和不同状况。布局的韵律和重复应该反映区域的规划、城市设计特征和安全需求。街景的设计应该适合公共需求，在提供必要的安全设施的同时，保证街道上人和车辆的正常交通活动。

3.2.4.2 安全区间

美国总务管理局的建筑入口安全城市设计指引——联邦三角总体规划（The General Services Administration's Urban Design Guidelines for Physical Perimeter Entrance Security：An Overlay to the Master Plan for the Federal Triangle），将建筑和街道之间分为六个区间，从内到外依次为：建筑内部、建筑外墙、建筑室外场地、人行道、路缘石及路边停车道、车行道。其中建筑室外场地、人行道、路缘石及路边停车道是安全防卫的重点区域，也是本次建筑外墙街景设计的区域（图3-12）。

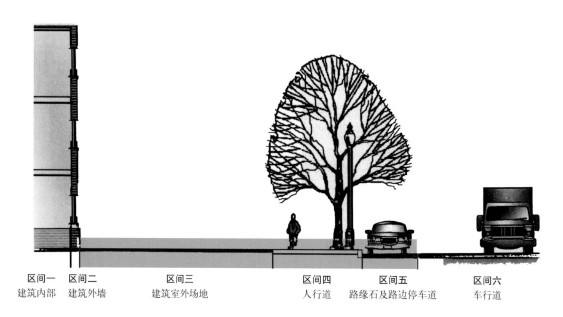

区间一   区间二   区间三   区间四   区间五   区间六
建筑内部   建筑外墙   建筑室外场地   人行道   路缘石及路边停车道   车行道

图 3-12　安全区间分布图

资料来源：NCPC，2002

　　1）建筑室外场地

　　建筑室外场地是建筑和人行道之间的建筑外部空间。一般来说比人行道略高，多为设有步行道和植栽床的草坪构成。人行入口和货物的上下口一般位于该区域。该区域的安全设计应综合考虑建筑学和景观上的需求。应该提供一个可接受的安全距离。美国总务管理局的设计指引推荐安全边界应该位于院子外边界。当这个区域需要设置安全栅栏时，比如凸起的柱基或墙，人行空间应该是不受影响的。安全要素应是建筑的延展，与建筑及周边景观无缝整合。

　　2）人行道

　　人行道位于建筑室外场地和路缘石或路边停车道之间。人行道应尽最大可能地开敞且可达性强。有些情况下，人行道的宽度是可以调节的。当宽度太大时，建筑室外场地能够扩大使得人行道更适合人行的尺度。

　　街道安全防卫设施距离路缘石至少应有 18 英寸[①]宽，方便路边停车后车门的开关及乘客的上下车。这个区域是布置防护栅栏最适宜的区域，当有安全防护需要时，路边停车带和交通道并不需要被移除。停车咪表、路灯、长凳、植栽和垃圾箱是人行道上的主要要素，街景设计是整合这些硬化的设施来强化步行的舒适性。

　　3）路缘石及路边停车道

----

①　1 英寸 =25.4mm。18 英寸约为 45cm。

路缘石及路边停车道最靠近人行道。路边停车、上下客、上下货和服务车辆大多用这条道。对于需要额外的后退距离和最高安全要求的建筑，路边停车道应该移除。第10街、西北大街、司法部附近、国务院周边的西端，建议移除路边停车道，大多数建议移除路边停车道的区域位于西南联邦中心区域。在非常特殊的情况下，考虑将作为安全预留的路幅用作交通道。在移除任何现状路边停车道之前均应先进行评估。

3.2.4.3 街道安全防卫设施

华盛顿纪念核心区是由不同边界不同特征的区域组成的。街景设计的目的是强化或建立城市设计和建筑的特征（在识别性较低的情况下）。

《国家首都城市设计和安全规划》的目的是将建筑外墙周边安全无缝整合到优美设计的街道景观中。规划将建筑外墙周边安全要素整合到有吸引力的街景中，包括街道家具和设施，比如路灯、防护墙、植栽、篱笆和座椅等。需要通过研究决定如何"加固"这些设施，使之既可作为街道家具又能具有安全防护的作用。结构设计、开敞空间形态和建筑周边安全构成的细节必须满足特殊建筑安全防卫的需求（图3-13）。

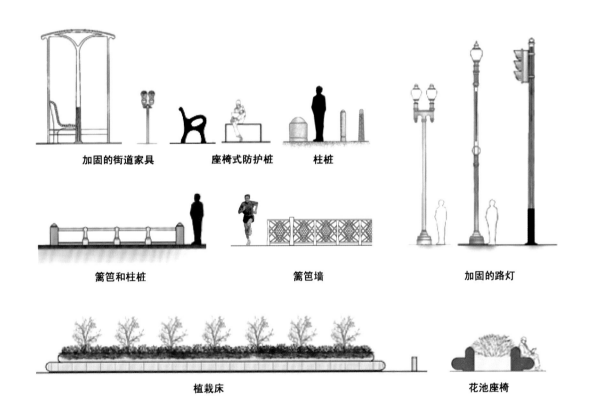

图 3-13　街道安全防卫设施
资料来源：NCPC，2002

当某些安全要素可以普遍运用时，其他要素必须对周边区域作出响应，通过运用合适的材质、比例和设计细节来反映其独有的特征。有七个基本的安全要素，包括：加固的街道家具、围栏或围栏墙、基柱墙、树篱和柱桩的组合、植栽床、柱桩，以及其他专门定制的安全设计要素。当一个或多种要素运用于多个区域时，这些要素的样式也根据不同区域的特征进行相应的变化。

3.2.4.4　交通和停车

安全防卫需求应该对停车、交通和步行系统的负面影响降低到最低。为减弱对交通的影响，下面的行为是非常必要的：

1）资助并实施"市中心交通循环系统"，作为现有交通系统的补充，减少市中心区的交通拥堵，提高通达性，降低由于安全防卫要求的提高和街道关闭对交通带来的影响。

2）资助并开展实施交通及停车综合研究，以尽量减少华盛顿纪念核心区域范围内因提高安全性而带来的交通影响。

3）识别由于安全防卫而对交通通行、停车产生的负面影响，并提供资金实施减缓负面影响的措施。

4）通过修建停车楼或背街停车设施取代路边停车。着手研究在现有或潜在的交通廊道上增加停车设施的可行性。

5）资助并实施缓解宾夕法尼亚大道、E 街的交通压力，提高其可达性的可行性研究，如增建隧道以及尽快重新开放 E 街等。

3.3　案例分析

3.3.1　关联区的处理

关联区域由联邦三角、国家广场、西南联邦中心、西端和市中心区构成，集中了绝大部分联邦设施。联邦三角是一组由白宫、宪法林荫大道和宾夕法尼亚林荫大道所围合而成的三角形联邦办公区。国家广场是东至国会大厦，西至林肯纪念堂，北至宪法大道，南至独立大道的区域；西南联邦中心是20 世纪 60 年代由联邦和私立办公机构共同发展而成的；西端是包括内务部、国务院、美国联邦储备委员会和美国红十字会等在内的许多重要联邦建筑的集聚地；市中心区是华盛顿的商业金融中心，仅有少部分联邦公共建筑地处该区，安全设计将主要限于部分街区或是某一街区的部分地段。对于关联区域，规划主要是对这部分区域的街道进行改造。

下面以联邦三角为例，分析关联区具体的设计方法。

3.3.1.1　联邦三角区域历史特征

联邦三角是麦克米兰规划（McMillan Plan）中构思的联邦办公建筑集中区，位列国家史迹名录，是宾夕法尼亚大道国家历史古迹的组成部分，由于其独特的建筑和规划的重要性，该区域被指定作为国家首都联邦政府形象体现的核心区域。除了老邮局大厦（19 世纪 90 年代的地标建筑）、威尔逊大厦（1908 年）、里根大厦和国际贸易中心（完成于 20 世纪 90 年代）以外，联邦三角区域剩下的所有建筑均设计和建造于 20 世纪 20 ~ 30 年代。联邦三角综合体代表了以艺术的方式协调联邦规划和设计的高标准。古典主义的建筑风格配以恰当的比例，使得这些建筑统领了宾夕法尼亚大道白宫和国会大厦之间南部的街景。这些建筑也定义了宪法大道北部的街景风格，并丰富了穿过这些街道的博物馆的天际线。在规划和高程上，国家档案馆成为第 8 街和放射轴线的对景。在建筑前面或建筑之间，优美的广场、大大的庭院和精心设计的外立面展示了丰富和优美的建筑特征（图 3-14 ~ 图 3-18）。

3.3.1.2　现状

规划列出联邦三角需要重点设计的区域，包括：①国家档案馆的基柱墙和艺术景观；②老邮局大厦和它在 12 街上狭窄的人行道；③ 12 街两边的半圆形建筑；④里根大厦在 13 街的终点；⑤ 14 街里根大厦的入口广场。对于这些特殊区域，要求开展城市设计和安全防卫的专项规划（图 3-19）。

图 3-14　联邦三角地带

图 3-15　老邮局大厦

图 3-16　老邮局大厦入口

图 3-17　老邮局大厦改造后的室内广场

图 3-18　国会大厦

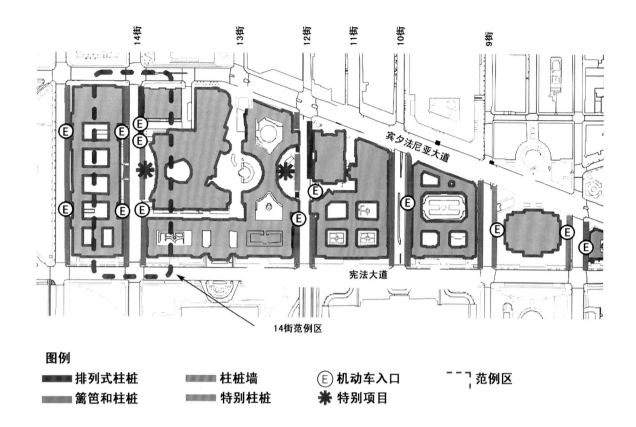

图例

■■■ 排列式柱桩　　■■■ 柱桩墙　　Ⓔ 机动车入口　　- - - 范例区

■■■ 篱笆和柱桩　　■■■ 特别柱桩　　✳ 特别项目

图 3-19　联邦三角区域总体规划

资料来源：NCPC，2002

3.3.1.3　设计框架

　　联邦三角的街景设计反映了规划范围内宾夕法尼亚大道、宪法大道和南北向大街的级别。规划主要针对南北向大街提出设计方法。规划理念是在增加步行体验的同时体现历史遗迹和建筑特征，并提出了特殊区域特别的街景设计方法，包括对 12 街的半圆形区域、13 街端点处及 14 街里根大厦入口广场和国际贸易中心等区域需进行专门设计（图 3-20）。

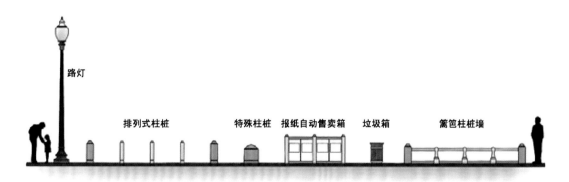

图 3-20　联邦三角——加固的街道设施

资料来源：NCPC，2002

联邦三角的安全防卫设计包括柱桩设计、街道篱笆设计和现状柱基和挡土墙的修改设计等。典型的南北向大街街景设计是在有植栽床的区域，在路缘石上设置篱笆柱桩墙，一般篱笆柱桩墙的长度是两棵树的长度。对于有断开的区域且超过了安全防卫要求的地方，应该考虑布置柱桩或其他加固街道要素。当不建议设置这种安全栅栏设施时，也可用加固的路灯代替。柱桩通常用在角落和人行道太窄而不能设置行道树和篱笆墙的区域。

联邦三角南北向大街的街景设计框架包括：

1）植栽床缘石上布置篱笆和柱桩墙。

2）在人行道太窄而不能布置篱笆墙的区域设置柱桩，比如 14 街临近威尔逊大厦的区域。

3）对 12 街的半圆区域和里根大厦前的 14 街广场区域应进行专项设计（图 3-21）。

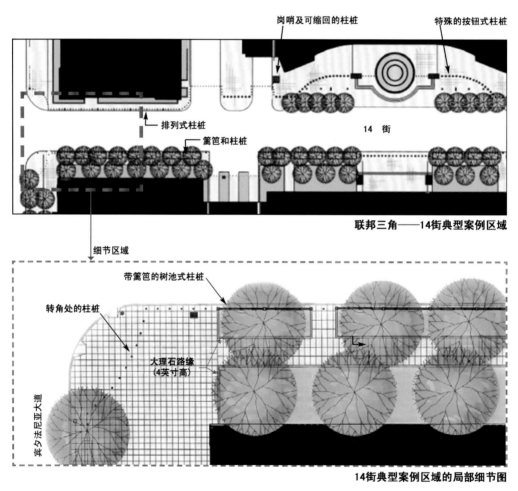

图 3-21 14 街典型案例

资料来源：NCPC，2002

4）总务管理局建议在宾夕法尼亚大道上 13 街的终点设计一处喷泉。

5）重新设计国家档案馆宾夕法尼亚大道一侧的喷泉，满足安全防卫的要求。

6）移除第 10 街两侧的停车道。推荐研究调整第 10 街公共汽车运营方式，提供步行友好的街道，以适应位于街道终点的宪法大道上的国家自然历史博物馆的入口。

7）在停车场及服务区的入口要求设置的岗亭，应该尽量靠近建筑设置，并应与周边的建筑风格一致。在高交通流量的区域允许安排武装岗哨。

其他设计要素：

1）篱笆和柱桩墙组件要求既能满足工程需求又能经受测试确保它能满足安全需求。

2）移除第 10 街的停车道，要求进行交通量研究和停车分析并由 DCDOT 确认。

3）地下设施的位置尚有待确定（图 3-22、图 3-23）。

典型的篱笆式柱桩截面图

典型的南北向街道立面图

图 3-22　典型的南北向街道立面图
资料来源：NCPC，2002

图 3-23　规划前后对比
资料来源：NCPC，2002

3.3.2　纪念性街道的处理

作为展示美国城市公共形象的宾夕法尼亚大道、宪法大道、独立大道和马里兰林荫大道，是核心区中最重要的礼仪性道路。设计的重点是改变已有安全设施过于沉重的军事色彩，进一步提升这部分大道的安全性能，同时重新为其注入活力。

始建于 20 世纪 70 年代，位于白宫和国会大厦之间的宾夕法尼亚林荫大道两侧成荫的绿树，丰富的街景令其当之无愧地获得了"美国第一大道"的美誉。规划重点是为其更换一些风格与地段现有的历史文脉更协调的硬质街道家具，并与沿街两侧的橡树组合布置。在满足新安全规划要求的同时，

图 3-24　宾夕法尼亚大道现状图

也对街景进行了必要的整饬，令其具备整体和谐的美感（图 3-24）。

宾夕法尼亚大道街景设计规划再次强调了在尊重现有街景的基础上整合新的、专门设计的、加固的街道家具。建筑周边安全规划尊重现状街景要素（距离路缘石 8 ～ 10 英尺）。这就保证沿着大道的大多数建筑物都有大概 40 英尺的后退距离，并建议用专门设计的加固的街道家具作为安全防护设施。除了常规街道家具外，还包括柱桩、植栽和专门设计的公共汽车候车站（图 3-25）。

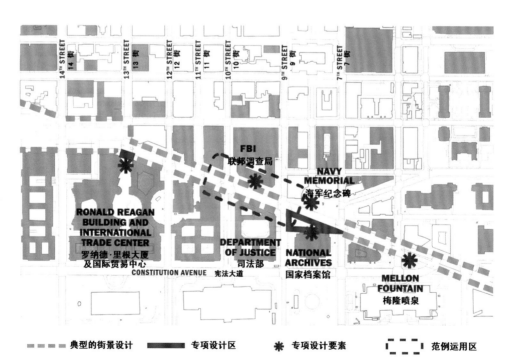

图 3-25　宾夕法尼亚大道街景总体规划图

资料来源：NCPC，2002

    选择9街至10街之间的一个街区来解释典型的街景设计方法。宾夕法尼亚大道在这个街区里包含南部的司法部总部大厦和北部的联邦调查局两栋主要建筑。司法部前与街道大多数区域一样，而FBI大楼前有额外的30英尺宽的人行道和额外的一排行道树。

    街景设计和安全防卫设施在大道的两边应该是完全相同的。对于有安全防卫要求的建筑，将安装加固的街道家具；对于没有安全防卫要求的建筑，也应安装外形一样或相似的未加固的街道家具，而且以更大的间距来配置。

    新的加固的街道家具包括：长椅、自动饮水机、垃圾箱、路灯。其他安全设施包括：柱桩、植栽和新设计的公汽候车站。所有这些设施都应专门设计，使之既能满足坚固的要求，又能尊重现状街道家具的风格。通过设计创造一种富有韵律感的空间，并且对于主要建筑的入口来说，能反映出其空间和建筑本身的重要性。

    FBI大厦额外的后退空间使其可以进行专项设计，目前是建议通过加高的花池作为汽车的第二道屏障，但是最终方案还未确定（图3-26、图3-27）。

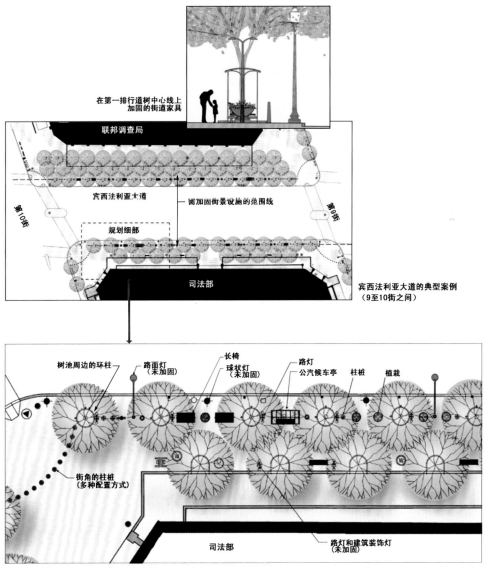

图3-26 宾夕法尼亚大道的典型案例（9街至10街段）

资料来源：NCPC，2002

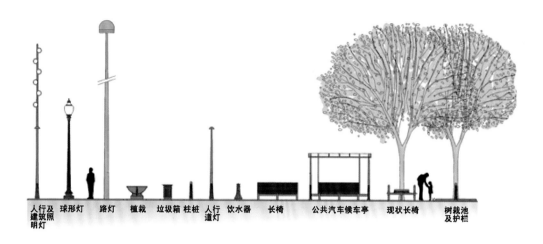

图 3-27　宾夕法尼亚大道加固的街道设施

资料来源：NCPC，2002

3.3.3　纪念设施的处理

3.3.3.1　基本介绍

　　华盛顿纪念碑、林肯纪念堂和杰斐逊纪念堂是美国最为人熟知的三大标志，具有重要的象征意义，安全要求自然不言而喻。他们均处于开阔地带并被大片宽阔的草坪所环绕，缺少必要的安全隔离带，极易成为袭击的目标（图 3-28）。

　　华盛顿纪念碑位于纪念核心区的十字轴线上，是城市的象征，并以其建立者的名字命名。建于1848 ～ 1889 年间的方尖碑和基础广场最初由罗伯特·米尔斯（Robert Mills）设计，后经美国陆军工团（U.S. Army Corps of Engineers）对设计方案进行修改并建设完成。完成后的方尖碑和基础广场与最初米尔斯的设计的最大区别，在于取消了在基础广场上设置的椭圆形柱廊。方尖碑和基础广场（通常指草坪），是国家首都纪念核心（National Capital's Monumental Core）的中心，在 1966 年被列入首批国家历史遗迹名录。纪念碑及基础广场均为华盛顿特区历史规划的组成部分。

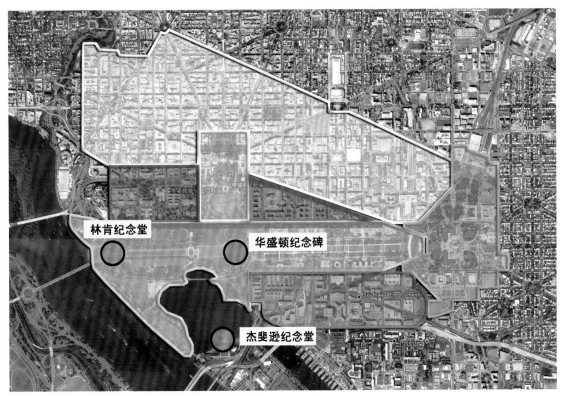

图 3-28　主要纪念设施区位图
资料来源：NCPC，2002

面向华盛顿纪念碑和美国国会，林肯纪念堂形成了国家纪念核心区南北轴线的终点。由亨利·培根（Henry Bacon）设计，被列为华盛顿最美建筑之列，是希腊庙宇风格新古典主义的重新诠释，建筑周边环绕着一圈多立克风格的柱廊。

杰斐逊纪念堂位于华盛顿纪念碑的正南，隔潮汐湖与华盛顿纪念碑相望。1938 年由罗斯福总统主持奠基仪式，到 1943 年 4 月 13 日杰斐逊总统诞辰 200 周年之日落成。杰斐逊总统在世时深谙建筑之道，他特别喜欢罗马万神殿式圆顶的建筑构架，因而建筑师在设计时就采用了穹顶环状廊柱结构的庙堂形式，用白色大理石砌建而成。这座造型古朴雅致的纪念堂直径 45m，高约 29m。沿石阶而上，入口的门厅上方有一幅浮雕，画面内容是杰斐逊和其他开国元勋亚当斯、富兰克林等人正在为《独立宣言》定稿的情景。纪念堂内有杰斐逊的青铜全身塑像，高 5.77m，设于纪念堂中央。

3.3.3.2　设计内容

华盛顿纪念碑、林肯纪念堂、杰斐逊纪念堂由大面积的开敞空间环绕，已经超出了纪念性设施要求的后退距离。这就允许采用弹性的手法对这些纪念场馆进行周边安全设计，包括在尊重现存景观和建筑的基础上对地形的人工处理，设置矮墙、植栽和其他要素满足安全防卫的需求。

1）华盛顿纪念碑

华盛顿纪念碑是美国的标志性构筑物，也是到华盛顿必参观的场所之一（图 3-29、图 3-30）。华盛顿纪念碑也是大量危险事故的发生地，也可能成为未来恐怖主义袭击的目标。当前华盛顿纪念碑的安全防护措施包括一圈护栏和在纪念碑入口处安装的一个临时游客摄像装置（图 3-31）。国家公园管理局已经开展了纪念碑周边安全概念规划（图 3-31、图 3-32）。现有的步行通道将局部被椭圆形的一直延展到纪念碑广场东西向的路径取代。这些步行通道包括作为机动车路障的固定的柱桩墙；个别可移除的柱桩位于允许服务和紧急车辆通行的入口与步行通道的交叉口区域。这些设计概念与部门间安全委员会（ISTF）预先设定的原则一致，这些原则已作为纪念碑周边安全设计的原则。委员会于2002年2月7日初步批准了这一概念设计规划，之后被正式批准。

图3-29　由林肯纪念堂眺望华盛顿纪念碑

图3-30　华盛顿纪念碑

图 3-31　华盛顿纪念碑入口建筑

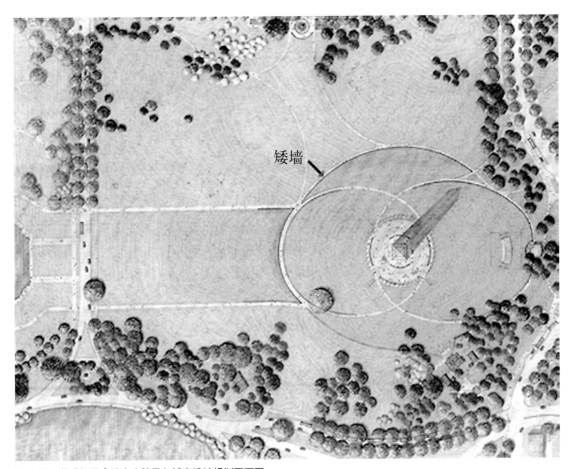

图 3-32　华盛顿纪念碑安全防卫与城市设计规划平面图

资料来源：NCPC，2002

2）林肯纪念堂

　　林肯纪念堂安全设计包括一圈环绕环形高台的矮墙，在纪念堂的台阶处布置了一圈石质柱桩作为安全防卫设施（图 3-33、图 3-34）。林肯纪念堂的安全设施包括（图 3-35、图 3-36）：

图 3-33　林肯纪念堂（一）

图 3-34　林肯纪念堂（二）

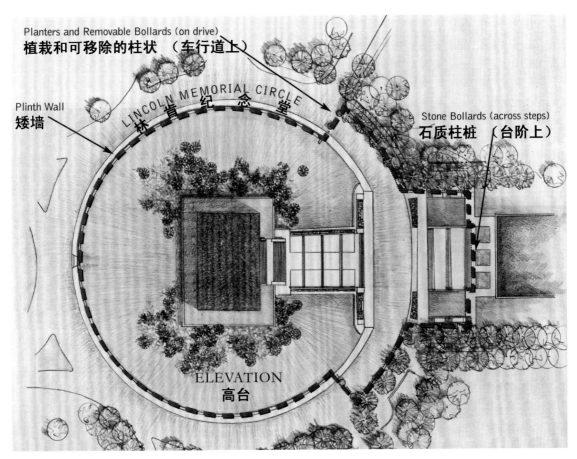

图 3-35　林肯纪念堂安全防卫与城市设计规划平面图
资料来源：NCPC，2002

图 3-36　林肯纪念堂周边环绕处花池及可缩回柱桩规划示意图
资料来源：NCPC，2002

（1）新的柱墙（2英尺6英寸高，3英尺宽，长度可变），材质与纪念堂现状外墙一致；

（2）花岗石花池（3英尺高，1英尺厚），内植5～7棵多茎灌木；

（3）花岗石柱桩（3英尺高，直径8英寸），柱桩之间净距42英寸；

（4）不锈钢材质的可缩回的柱桩（简单的圆柱形，2英尺6英寸高，直径8英寸），设置在距离纪念堂4英尺的地方；

（5）重新设置内墙坡度。

3）杰斐逊纪念堂

　　杰斐逊纪念堂的安全规划包括进行场地安全分级，设置柱桩，设置低矮的挡土墙和柱桩。最有效的车行位置建议沿着基地东南端的东贝森道（East Basin Drive）设置。最终方案建议与场址状况相适应。设计力求达到使周边安全设计与景观的完美融合，确保车障不唐突，安全规划不能仅仅考虑纪念堂本身，还不能损害小奥姆斯特德(Frederic Law Olmsted, Jr.)最初的规划设想(图 3-37 ~ 图 3-40)。

图 3-37　杰斐逊纪念堂鸟瞰图

图 3-38　杰斐逊纪念堂（一）

图 3-39　杰斐逊纪念堂（二）

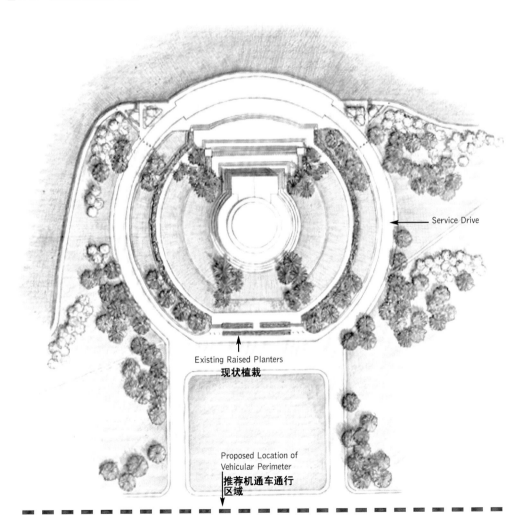

图 3-40　杰斐逊纪念堂安全防卫与城市设计规划平面图

资料来源：NCPC，2002

3.4 启 示

针对日益增多的城市犯罪及其引发的社会恐惧问题，联合国人居署早在1996年就开始实施"更安全城市"计划，一直持续至今，旨在完善城市安全保障能力和犯罪预防机制，创建经济发达、社会稳定，人民生活质量逐渐提高的更安全城市。

现代城市设计师以城市空间环境品质整体优化为目标，对于空间环境的安全品质虽有所涉及，但在设计原理、策略及方法各个层面均存不足：例如在具体的空间环境设计和项目设计中目前尚缺乏基于防灾减灾、安全避难、安全防卫，以及行为、心理安全方面的整体性思考和综合性对策。进入21世纪，我国城市化进程加快推进，城市公共安全问题已成为摆在我们面前亟待解决的课题之一。城市空间中的公共安全要素包括心理安全、行为安全和防卫安全等方面，《国家首都城市设计与安全规划》从防卫安全角度，以汽车炸弹恐怖袭击为主要对象，通过城市设计，将空间安全规划、安全设施与城市日常空间环境优化有机整合，值得我们学习和借鉴。

3.4.1 分层次的规划编制体系

1）一个整体的城市框架作为统领

针对整个区域从街道的处理方式、安全分区、街道安全设施、移动性和停车性四个方面提出总体城市设计框架。在街道的处理方式上，根据不同的街道类型，结合建筑退让和公共空间形成建筑安全缓冲区；在安全分区上，结合空间景观要求划分防御空间层次，层层化解威胁，本案例中将建筑物与街道之间的空间划分为6个不同的安全区间，从内到外依次为：①建筑内部；②建筑外墙；③建筑室外场地；④人行道；⑤路边停车带；⑥街道。强调③～⑤区间，即建筑室外场地、人行道和停车带是安全防卫的重点区域，也是本次规划的重点区域；在街道安全设施上，结合花坛、灯柱等街道小品设置实体障碍；在移动性和停车性上，结合道路结构形态和场地设计移除可能被恐怖分子利用的道路，完善道路进出口管制，进一步梳理交通系统，尽量增加集中停车楼等设施，对安全防卫的重要节点，取消路面停车道。

2）划分具体区域和类型，有针对性地提出城市设计措施

将规划范围中需要重点防卫的区域分为三种类型，分别为5个关联区域，5条纪念性街道，3处纪念设施，并根据每种类型的特点，对每个类型提出安全防护与城市设计的融合方式。

3）细化的可操作的内容

针对每一片区，还提出了需要进一步细化的区域。如对联邦三角地带，明确国家档案馆的基柱墙和艺术景观，老邮局大厦和它在12街上狭窄的人行道，12街两边的半圆形建筑，里根大厦在13街的终点，14街里根大厦的入口广场五个区域需要进行专项规划设计。又如在林肯纪念堂的城市设计中，明确新的柱墙（2英尺6英寸高，3英尺宽，长度可变）、花岗石花池（3英尺高，1英尺厚）、钢柱（简单的圆柱形，2英尺6英寸高，直径8英寸）的尺寸和样式，使之更具有操作性。

3.4.2 多组合的设计策略

单一设计模式不能满足所有区域的需求，同时也会造成空间环境的单一雷同，规划针对每一区域的空间环境和特质提出相应的解决策略。主要包括以下几点：

1）可达性和便捷性

通过精心设计（改造）的道路、场所和入口，提供安全便利的交通。

2）可监视性

所有公共可达空间都能够较好地为周边所环顾，具有较好的视觉通透性，以最大限度防范和避免各种危险事件发生的可能。

3）物质保障性

通过精心设计的安全保护要素来实现安全保障目标。

4）层级性

街景安全设计要区分层级，这同街道的尺度有密切关系。一般而言，发散状宽阔的林荫大道两侧的街景元素和安全设施要素通常能够较好地结合形成多级防御层次；而对于只有狭窄人行道的网格状普通街道，则主要沿街边采用硬质的灯具、树篱、花池和护栏等要素；

5）可持续性设计中结合管理和维护的考虑，能较好地阻止当前和未来危险事件的发生，并为今后进一步改善区域安全环境提供发展空间。

3.4.3 具体到项目的实施方式

规划明确了需要实施的具体项目，并分出项目的时序和需要资金支持的重点项目。

3.4.3.1 建立项目库

1）实施性项目

分为街道改造项目、区域性项目和建筑单体性项目，共 19 个（图 3-41 ～图 3-43）。

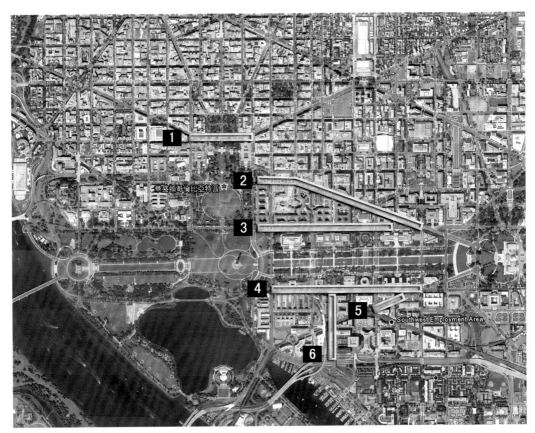

图 3-41　街道改造项目
1—宾夕法尼亚大道（白宫段）；2—宾夕法尼亚大道（3 街至 15 街，西北）；3—宪法大道（3 街至 15 街，西北）；
4—独立大街（3 街至 14 街，西北）；5—马里兰大街（西南）；6—10 大街（西南）

图 3-42　区域性项目

7—联邦三角；8—西南联邦中心；9—国家广场；10—西端；11—市中心区

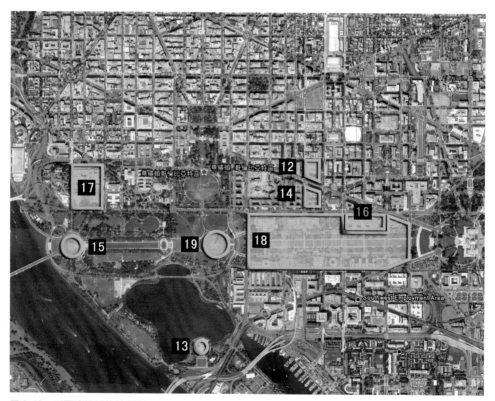

图 3-43　重要建筑单体性项目

12—联邦调查局；13—杰斐逊纪念堂；14—司法部；15—林肯纪念堂；16—国家美术馆；17—国务院；18—史密森尼研究中心；19—华盛顿纪念碑

2）研究性项目

共 4 个，并需申请专项资金资助

（1）联邦设施受袭风险评估。

（2）这些安全提升方式对个人带来的风险评估。

（3）检测规划提出的各项安全要素的结构完整性，比如加固的长椅、路灯等。

（4）停车和交通研究以决定对人车交通的影响。

3.4.3.2　明确需要优先实施的项目

1）实施性项目

优先实施的实施性项目 7 个，分别为：①宾夕法尼亚大道（白宫段）；②宾夕法尼亚大道（第 3 街至 15 街）；③宪法大道；④联邦三角（包括司法部）；⑤联邦调查局；⑥国务院；⑦白宫—国会的交通组织。

2）研究性项目

优先实施的研究性项目 3 个，分别为：①街景构成结构上的检测；②建议移除停车带的区域进行交通和停车影响研究；③宾夕法尼亚大道和 E 街隧道可行性研究。

3.4.3.3　后续保障

在完成规划编制后，为进一步保证规划的实施，又组织编制了《国家首都城市设计和安全规划目标及政策》（National Capital Urban Design and Security Plan Objectives and Policies），并于 2005 年 5 月 5 日，由国家首都规划委员会批准。《国家首都城市设计和安全规划目标及政策》以政策条文的形式，明确了具体可采用的安全方法，建筑周边安全设施和交通整合的方式，建筑周边安全设施的具体设计方式，为具体的实施性规划的编制提供依据。

本章参考文献

[1] National Capital Planning Commission. The national capital urban design and security plan：Objectives and Policies[R]. Washington，D.C.，2005.

[2] National Capital Planning Commission. The national capital urban design and security plan[R].Washing，D.C.，2002.

[3]（美）詹姆斯·A·克莱普，让我们更多地认识城市与城市研究（二）[J]. 王育译 . 北京城市学院学报，2008（5）．

[4] 蔡凯臻，王建国 . 基于公共安全的城市设计——安全城市设计刍议 [J]. 建筑学报，2008（5）：38-42.

[5] 周铁军，林岭 . 城市设计与安全规划的整合——华盛顿纪念碑核心区案例思考 [J]. 建筑学报，2007（3）：30-34.

第4章　费城艺术大街规划与实施

获得奖项：最佳规划实施奖
获奖时间：2005 年

文化艺术区的建设兴起于 20 世纪 70 年代末西方发达国家工业城市由工业化时代生产型城市向后工业化时代消费型城市的转型过程中（Zukin，1995；Hall，2002）。在全球化时代，城市竞争力不再体现为工业生产能力，而更多地体现为城市生活质量和对人才的吸引力。越来越多的地方政府开始意识到文化艺术产业对提高城市竞争力的推动作用。由于文化艺术产业不但可以直接改善市中心的建成环境，提高城市的魅力；而且可以带动旅游业和相关服务业的发展，产生经济效益，因此建设文化艺术区成为很多地方政府在进行城市中心区再开发时的重要策略之一，如伦敦的南岸（South Bank）改造（Newman & Smith，2000）和都柏林的圣殿酒吧区（Temple Bar）改造（McGuirck，2000）。同样，美国城市地方政府也越来越关注文化艺术区的建设。研究表明：截至 1998 年美国已有 90 多个城市进行了或正在筹划进行文化艺术区的建设以解决因郊区化而带来的市中心衰落等问题（Frost-Kumpf，1998），如纽约市林肯中心周边地区、波士顿滨水区和巴尔的摩内港区等。进入 21 世纪后，文化艺术区的建设势头更加迅猛。据统计，2005 年全球文化创意产业每天创造的产值高达 220 亿美元，并正以每年 5% 左右的速度递增。在一些发达国家，创意产业增长速度更快，如美国达到 14%，英国达到 12%（霍金斯，2007）。因此，基于为其他城市文化艺术区规划与实施提供相关经验的目的，费城艺术大街在此背景下获得了美国规划协会年度杰出规划奖。

艺术大街（Avenue of the Arts）位于费城市中心区中轴线的南布罗德街（South Broad Street），由于影剧院、博物馆、音乐厅、画廊、艺术院校等众多艺术机构位于街道两侧，因此具有浓郁的文化艺术氛围。艺术大街工程是费城市政府 20 世纪 90 年代复兴衰落城市中心区的重要战略之一，经过十多年的发展已经取得了巨大成功，成为世界级文化创意产业中心，每年吸引着大量观光客，带动了整个中心区的重新繁荣。在制定详细规划和实施时间表的基础上，费城市政府通过公共投资带动私人资本跟进建立了有效的公私合作基础，推动了整个规划的顺利实施。短短 10 年间，总共超过 6.5 亿美元的公共投资与私人资本注入南布罗德街，保证了整个项目高效的实施。费城的成功经验为世界其他城市在文化创意产业建设和城市中心区复兴等方面提供了有益的借鉴。因其周密的规划、多元化的融资、高效的实施管理以及卓越的成果，该项目获得了 2005 年度美国规划协会颁发的"最佳规划实施奖"（Outstanding Planning Award for Implementation），并于 2008 年入选了"全美最佳街道"（Great Streets in America）的名录。美国规划协会对艺术大街规划的评价是："在这一雄心勃勃的规划指导下，昔日衰落的南布罗德街已经成为一条 1 英里长的，云集众多剧院、博物馆、音乐厅和大学的，名副其实的'艺术大街'，它成功地将 20 世纪中叶的荣光带进了崭新的世纪。"

4.1 项目背景

4.1.1 城市概况

费城(Philadelphia)是美国的第六大城市,位于宾夕法尼亚州东南部,市区东起特拉华河(Delaware River),向西延伸到斯库尔基尔河(Schuylkill River)以西,面积334km²(图4-1)。根据2010年全美人口普查结果,费城市总人口约为150万人,而大费城地区总人口约为600万人。作为美国历史最悠久的城市之一,费城具有300多年的历史,在美国建国之初曾短暂地作为国家的首都。在工业化时代,费城是美国主要的纺织业基地。进入后工业化时代后,像美国其他工业化城市一样(如芝加哥、克利夫兰等),费城也经历了产业转型带来的经济衰退,目前费城的支柱产业主要是服务业和零售业。

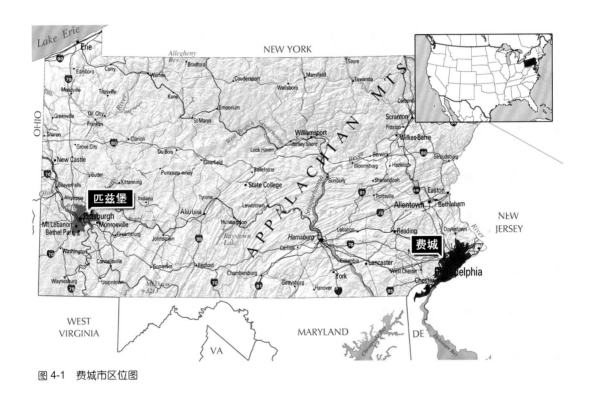

图4-1　费城市区位图

费城有着深厚的文化和艺术传统,费城交响乐团是世界最著名的交响乐团之一,费城音乐学院(Academy of Music)是全美著名的音乐学院,戏剧、爵士乐和芭蕾舞颇受市民的欢迎。此外,费城的视觉艺术也很发达,罗丹博物馆是美国本土收藏罗丹作品最多的地方,费城艺术博物馆藏品丰富,宾夕法尼亚艺术学院(Pennsylvania Academy of the Fine Arts)和艺术大学(University of the Arts)都是全美知名的艺术院校。在文化艺术团体的建设上,大费城文化联盟(Greater Philadelphia Cultural Alliance)由300多家来自民间的非营利文化团体组成,主要负责费城文化事业的推广。

4.1.2 规划沿革

艺术大街工程位于费城市中心区布罗德街的南侧,市政厅和华盛顿大街之间,总长度约为1英

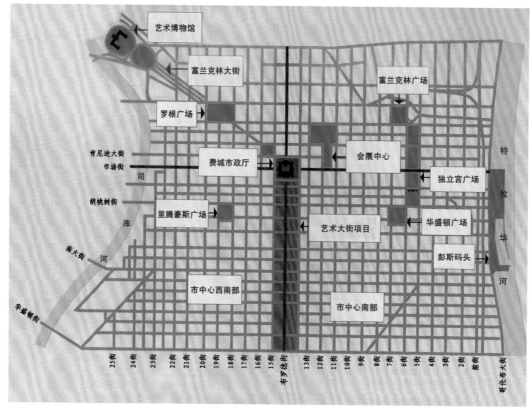

图 4-2 艺术大街区位图

里。入选"美国国家级历史地区名录"（National Register of Historic Places）的布罗德街建于 1681 年，是美国最早形成的街道之一（图 4-2）。

19 世纪中叶以前布罗德街两侧依然是一派乡村景象。1857 年，费城音乐学院成为布罗德街的第一家文化机构，同时也是美国最古老的表演大型歌剧的剧院。进入 19 世纪末，布罗德街两侧的剧院、博物馆、艺术机构等文化服务设施如雨后春笋般涌现出来，使其迅速发展成为费城市的文化中心。1901～2001 年，布罗德街一直作为费城交响乐团、芭蕾舞团和歌剧团的主要演出场地。此外，布罗德街还是费城传统的商务区。随着 1871 年市政厅（图 4-3）在中心广场（位于布罗德街和市场街的交叉口）建成，很多大银行和企业纷纷将总部设在布罗德街两侧，很多高层办公楼和高级酒店拔地而起，如由著名建筑师丹尼尔·伯纳姆设计的地契大厦（Land Title Building，图 4-4）。到 1905 年，布罗德街已经发展成为集金融、商业、办公为一体的"酒店一条街"（Hotel

图 4-3 费城市政厅

资料来源：费城市图书馆

Row）（图 4-5）。20 世纪 50 年代以后，随着周边新商务中心的建成，企业和银行纷纷从布罗德街迁出，大量办公建筑闲置，中央商务区开始向市中心西部转移，布罗德街日渐萧条。尽管商业重要性下降，但音乐学院、艺术大学、交响乐团、芭蕾舞团、歌剧团等文化机构和艺术团体依然活跃在布罗德街，这为后来"艺术大街"的形成奠定了文化基础。

面对布罗德街日益衰落的现实，1978 年，费城艺术联盟（Philadelphia Art Alliance）举行了名为"布罗德街新生"（Broad Street Comes Alive）的展出，呼吁通过发展文化创意产业的方式带动布罗德街的复兴。同年，"艺术大街委员会"（Avenue of the Arts Council，简称 AAC）成立，该委员会由来自布罗德街上 30 多家文化、商业、教育机构的业主组成，包括著名的费城音乐学院和交响乐团，志在将布罗德街建设成世界级的文化中心。由于费城交响乐团与芭蕾舞团、歌剧团合用一个演出场地，为了改善文化硬件设施不足的状况，1980 年艺术大街委员会制定了"学院中心规划"（Academy Center Plan），目的是建设一座大型的艺术综合体建筑，这座综合体建筑将容纳费城音乐学院，并包括一座为费城交响乐团专用的具有 3000 个座位的大型音乐厅。然而，由于整个 20 世纪 80 年代费城的经济都处于衰退期，该计划暂时被搁置。

由于艺术大街委员会的复兴计划推行不利，1989 年彭威廉私人基金会（William Penn Foundation）编制了名为"南布罗德街文化走廊"（South Broad Street Cultural Corridor）的发展规划，在规划中共包括 7 个新建项目，其中 4 个项目由彭威廉私人基金会投资建设并统一管理，分别为白兰地版

图 4-4 地契大厦

图 4-5 南布罗德街历史照片（1905 年）
资料来源：费城市图书馆

画工作室（Brandywine Graphics Workshop）的重建、艺术银行（Arts Bank）、克莱夫爵士乐俱乐部（Clef Jazz Club）和费城表演艺术高中（High School for the Creative and Performing Arts）。

1992 年，苦苦寻找经济增长点的新任市长爱德华·伦德尔（Edward Rendell）将目光投向了南布罗德街，他看到了艺术大街计划的文化价值、经济价值和政治价值。艺术大街不但有利于保护和传

承费城文化，还可以通过文化产业带动旅游，刺激经济振兴，更可以改善中心区的城市面貌，积累政治资本。在伦德尔的领导下，"艺术大街复兴计划"的进程大大加快。为了推行该计划，伦德尔于1993 年成立了"艺术大街公司"（Avenue of the Arts Inc，简称 AAI）作为布罗德街文化复兴计划主要的筹划、运营、管理机构。作为市政府经济发展机构的费城产业发展公司（Philadelphia Industrial Development Corporation，简称 PIDC）则为艺术大街公司提供财政支持。20 世纪 90 年代伊始，美国经济进入高速发展期，伦德尔推行了一系列卓有成效的文化发展和招商引资政策，从而使得众多文化机构和艺术团体得以重新焕发活力。文化产业的复兴带动了周边高端居住业、酒店服务业和零售商业的开发。为了更好地规范和指导艺术大街两侧的建设，艺术大街公司于 1997 年成立了"南布罗德街规划委员会"（South Broad Planning Task Force）。该委员会成员包括艺术院校校长、市规划部门负责人、商会负责人等，并于 1999 年制定了"南布罗德街愿景规划"（Extending the Vision for South Broad Street）。

今天的南布罗德街两侧共有 23 家艺术组织，其中包括基梅尔演艺中心（Kimmel Center for the Performing Arts）、安嫩伯格表演艺术中心（Annenberg Center for the Performing Arts）、曼表演艺术中心（Mann Center for the Performing Arts）、梅里亚姆剧院（Merriam Theater）和威尔玛剧院（Wilma Theater）等大型剧院，可同时容纳超过 1 万人观看演出。此外，还有 3 家艺术院校，3 家大型酒店，20 多家高端零售业，30 多家餐馆和 1450 套住宅。艺术大街已经重新成为费城的标志和世界级的文化艺术中心，每年为费城市吸引着大量的观光客和艺术爱好者（图 4-6）。根据 1999 年统计资料，文化艺术产业为当地政府带来了超过 1.57 亿美元的税收，提供了约 3800 个工作岗位（Pennsylvania Economy League，1999），而 2006 年带来税收超过 2 亿美元，提供了约 6000 个工作岗位，占该区域总税收的 48%（图 4-7）。复兴南布罗德街这个萦绕在费城市政府和市民心中 30 多年的共同愿景在官方和非官方机构的不懈努力下最终得以实现。

图 4-6   南布罗德街现状照片（2010 年）

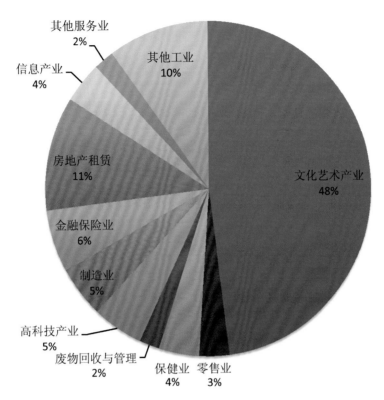

图 4-7　南布罗街地区税收构成（2006）年

资料来源：Econsult Corporation，2007

4.2　规划内容

4.2.1　规划目标与优劣势分析

"南布罗德街愿景规划"旨在为艺术大街的发展设计出一份操作性强的、内容详细的实施蓝图，探索在保护和促进南布罗德街独特文化氛围的基础上，如何建立有效的公私合作平台，以及如何协调商业开发与文化产业发展之间的矛盾。

具体来说，规划委员会认为，要保证艺术大街能够取得成功，首先要改善街道空间质量，引入更多步行活动选择，鼓励全天候的步行活动；其次，改善两侧街道的动态和静态交通容量，提高艺术大街的可达性；第三，增强艺术大街与中央商务区、会展中心及周边社区的交通联系；第四，充分利用基梅尔演艺中心周边未开发的大宗用地，并将艺术大街与其他主要街道交叉口周边的用地作为开发重点；最后，将与规划目标不符的相关土地使用功能（如加油站、快餐店等）从艺术大街迁出。基于以上目标，规划委员会对艺术大街两侧的建筑现状进行了详细的调研和评估，并在此基础上对艺术大街在面对未来发展时的优势和劣势进行了分析（表4-1）。

艺术大街的优势与劣势分析		表4-1
优势	劣势
1) 南布罗德街全新的人行道地面铺装、路灯、景观植被为沿街公共空间的改造提供了良好的基础;	1) 随着周边居住和商业项目的开发建设,缺乏非沿街停车位的问题将愈加严重;
2) 市政厅周边还有可容纳高层开发的潜力;	2) 位于南布罗德街东西两侧的栗树街沿线房屋的空置率很高;
3) 栗树街的重建使得栗树街重新成为重要的交通联系;	3) 艺术大街两侧没有广受欢迎的娱乐设施,如主题餐馆或电影院;
4) 一些办公建筑具有可以容纳新功能的潜力;	4) 需要建设更多的非沿街停车位来满足基梅尔演艺中心和其他的大型新建项目的需要;
5) 位于洋槐街和松树街之间的文化教育区为相关的发展提供了坚实的基础;	5) 很多现状建筑仅能满足小规模的功能置换;
6) 基梅尔演艺中心及周边居住和办公建筑的建设会吸引餐饮、零售业和服务业的入驻;	6) 松树街以南的用地需要整合以容纳未来重要建设项目;
7) 里滕豪斯(Rittenhouse)广场和华盛顿广场西边的社区将为零售业提供客源;	7) 一些位于重要交叉口两侧的用地目前被加油站和停车场占用;
8) 在市中心西南部和南部新建的住房项目将为零售业提供客源;	8) 南大街以南的新建项目大部分是服务于机动车驾驶者的便利店、服务站和快餐店,缺乏步行者的服务设施;
9) 在南大街以南的大多数建设用地可以提供充足的非沿街停车空间;	9) 南大街以南地区的购电量明显少于核心区;
10) 作为核心区与市中心南部的联系,南布罗德街与华盛顿大街的交叉口具有巨大的开发潜力;	10) 南布罗德街和华盛顿大街交叉口附近的再开发项目多为低密度,难以支持现有的文化和教育机构;
11) 艺术大街两侧目前最大规模的开发项目位于南布罗德街和华盛顿大街交叉口附近;	11) 作为艺术大街的门户,布罗德街和华盛顿大街交叉口附近需要更多的开发。
12) 华盛顿大街具有足够的交通容量以应对新的建设。	

资料来源:South Broad Planning Task Force,1999

4.2.2　规划重点地段

　　在优劣势分析的基础上,规划委员会采用分段重点规划的策略,将艺术大街划分为三个重点地段,并分别制定了详细的分区规划。这三个重点地段由南到北依次为:栗树街地段、基梅尔演艺中心地段、华盛顿大街地段(图 4-8)。针对三个地段的不同区位特点,提出不同的建设侧重点。由于毗邻市政厅和核心商务区,栗树街地段将重点进行高密度的商务办公开发,底层作为零售业店面。作为众多文化和艺术机构的聚集地,基梅尔演艺中心地段将成为艺术大街的核心区,重点进行各种文化、艺术和教育开发。此外该地段还将包括居住功能,主要面向市中心的上班族。华盛顿大街地段主要作为连接艺术大街与市中心以南地区的门户,充分发掘其开发潜力,鼓励高密度居住功能开发和面向步行者的零售业和服务业。

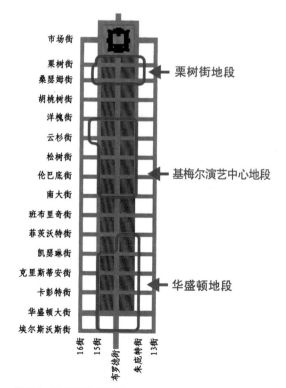

图 4-8　重点地段分布图

资料来源:South Broad Planning Task Force,1999

4.2.3 分区规划 I：栗树街地段

4.2.3.1 现状及面临的问题

作为 20 世纪前半叶费城市的商务中心，栗树街地段拥有众多的银行和公司的总部。随着 20 世纪 60 年代起市场街以西新中央商务区的建成，栗树街地段的商务功能逐渐被取代，原有办公楼被大量闲置。1991 年，紧邻市政厅西南的 38 层的默里迪恩银行（Meridian Bank）大厦被大火烧毁，造成周边很多商业受损，破坏了艺术大街与西侧中央商务区的商业廊道联系，加剧了商务功能的衰落。近年来，该地段逐渐走出困境，正悄然从商务功能向商业和居住功能转变，一些空置的办公楼被改造为酒店、百货商店和住宅等（图 4-9）。

艺术大街工程的成功主要取决于人气，而栗树街作为艺术大街与市场街西侧中央商务区和市场街东侧的会展中心区的主要联系，起到吸引人气的重要作用。对于在市中心的上班族、

图 4-9　栗树街地段现状（1999 年）
资料来源：South Broad Planning Task Force，1999

旅游者和与会者这些文化艺术产业潜在消费者而言，如何把他们吸引到艺术大街是栗树街地段分区规划面临的主要问题。现状是在该地段内的栗树街、桑瑟姆街、13 街和 15 街两侧建筑的高空置率和年久失修等问题减弱了艺术大街与中央商务区、会展中心区之间的步行联系。另外，在栗树街和

布罗德街两侧并没有形成连续的底层商业界面，不利于舒适的步行街道空间的营造。其次，如何将栗树街地段更好地融入艺术大街的整体功能成为面临的又一问题。随着更多的居住和酒店功能的入驻，布罗德街的相关服务设施欠缺的问题更加凸显，特别是在日常零售业、服务业和居民停车等方面。

4.2.3.2 发展策略（图 4-10）

1）产业发展

在产业结构调整方面，规划提出"打造艺术大街的商业零售中心，推进中心区高端社区建设"的发展目标，同时加强该地段与周边地区的空间联系。首先，为了加强与西侧商务中心的联系，紧邻市政厅西南的因大火而荒废的原默里迪恩银行大厦成为栗树街地段的改造重点。规划将现有建筑拆除，并在原址上重新建设一座多功能混合使用的高层建筑。作为市政厅周边唯一的新建项目，该项目不仅对于艺术

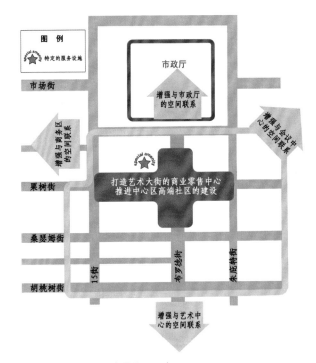

图 4-10　栗树街地段发展策略示意图
资料来源：South Broad Planning Task Force，1999

大街的街道景观起到重要作用，而且将影响市中心的房地产市场。此外，规划还对市政厅周边其他建筑提出更新要求，包括劳德泰勒百货公司和韦德纳大厦的翻新工程等。

其次，为了增强与东北侧会展中心的联系，栗树街和布罗德街两侧的零售业和服务业复兴成为重要的举措。针对栗树街和布罗德街两侧地面层使用率不足七成的现状问题，规划规定在沿街大型办公建筑的更新或改造中，要求将地面层规划为商业零售空间。其中，卡尔顿酒店（图 4-11）、费城艺术学院学生公寓的改造和王子剧院的新建成为复兴计划的催化剂。关于进驻的商业类型，规划提出应满足居住在该地段内居民的日常需求。

2）交通发展

为了解决艺术大街发展中带来的静态交通压力，规划提出在短期内将紧邻原默里迪恩银行大厦南侧空地建设成为一个大型的地面停车场，远期则计划建造一座停车楼。

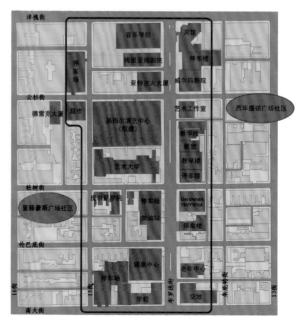

图 4-11　卡尔顿酒店

4.2.4　分区规划 II：基梅尔演艺中心地段

4.2.4.1　现状及面临的问题

作为整个艺术大街的核心区，基梅尔演艺中心地段是以基梅尔演艺中心为中心，北至洋槐街，南至南大街的一段。特别是在由洋槐街至松树街的两个街区内云集着众多艺术和教育机构，如费城音乐学院、艺术大学、梅里亚姆剧院和威尔玛剧院等。按照规划的愿景，基梅尔演艺中心将不但实现 20 世纪 80 年代艺术大街委员会规划中提出的建设大型艺术综合体建筑的夙愿，奠定艺术大街作为世界级文化中心的地位，而且将重塑私人开发商对艺术大街投资前景的信心，带动周边房地产市场的开发和私人资本的注入（图 4-12）。

鉴于基梅尔演艺中心的重要性，1997 年规划委员会举行了国际招标，邀请了包括西萨·佩里、贝聿铭在内的五家国际顶级建筑师事务所参加设计竞赛，最终乌拉圭裔建筑师拉斐尔·维诺里（Rafael Vinoly）的方案一举中标。这位素有"大屋顶建筑师"（big-roof architect）之称的国际明星建筑师采用大跨结构和表现主

图 4-12　基梅尔演艺中心地段现状（1999 年）

资料来源：South Broad Planning Task Force，1999

义手法来塑造这一城市新地标。基梅尔演艺中心占据整个街区，不但包括一个 2500 座的音乐厅和一个 650 座的剧场，而且包括一个室内市民广场，将城市功能引入建筑内部，为艺术大街提供了一处具有艺术气息的城市公共空间（图 4-13）。整个建筑于 2001 年落成，它是自 1857 年费城音乐学院建成以来南布罗德街最重要的大型文化艺术工程，被称为"美国 21 世纪的第一个大型音乐厅"（林中杰，2003：59）。

图 4-13　基梅尔演艺中心

除了对基梅尔演艺中心进行重点规划外，在对现状充分调查的基础上，规划委员会还提出了该地段在未来发展中可能面临的几大问题。首先，他们认为尽管基梅尔演艺中心是整个艺术大街开发计划的加速器，但真正对成败起到决定作用的是南布罗德街的文化艺术基础，以及其与周边社区的联系。保护现存的文化和艺术机构就是保护艺术大街的艺术品质，而保证与周边社区的联系则保证了艺术大街的繁荣。因此，规划强调基梅尔演艺中心地段的开发必须考虑文化艺术机构的实际需求，并尊重南布罗德街周边社区的地域特点和空间尺度。其次，规划认为拓展南布罗德街的服务功能将是艺术大街未来发展的方向。目前的问题是南布罗德街的服务功能仅局限于演出和展览，观众们在活动结束后很难找到其他的休闲娱乐活动，文化艺术对经济发展的带动力并不明显。第三，随着基梅尔演艺中心的建成，停车难的问题将成为制约该地区进一步发展的瓶颈。第四，需要改善南布罗德街的街道空间，改善步行环境将对聚集人气起到重要作用，特别要解决开放空间缺乏的问题。第五，该地段存在着文化艺术职能单一化和受众群体单一化的问题。两侧的大部分建筑是音乐厅或剧院，其他的休闲娱乐设施相对缺乏，受众群体多为欣赏高雅艺术的观众，人数相对固定。

4.2.4.2 发展策略

为了更好地应对未来发展中可能遇到的问题，规划委员会提出了一系列发展策略（图 4-14）：

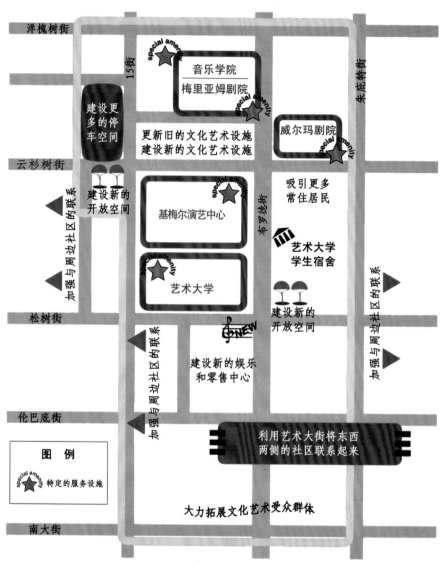

图 4-14 基梅尔演艺中心地段发展策略示意图

资料来源：South Broad Planning Task Force，1999

1）产业发展

规划提出丰富产业结构的发展策略，提高文化艺术产业对经济的拉动能力，通过公共政策努力吸引广受欢迎的大型零售业中心入驻，拓展艺术大街的休闲娱乐功能。另外，规划还提出摆脱旧有的将高雅艺术观众视为主要服务对象的思维定势，拓展文化服务范围，兼顾高雅艺术和流行文化。在这一策略的指导下，费城产业发展部（Philadelphia Authority for Industrial Development，简称PAID）在位于松树街和伦巴底街之间、南布罗德街西侧的街区内整合了面积为 35000 平方英尺（约合 3250m²）的大宗可开发用地，计划建设一座集居住、零售、休闲、娱乐于一体的大型综合娱乐中心，它将包括电影院、主体餐厅、酒吧、舞厅、书店、唱片店等功能（图 4-15）。建成后，该建筑将成为艺术大街流行文化的中心。它既与传统的高雅艺术中心（如基梅尔演艺中心）保持空间上的紧密联系，又利用艺术大学作为两种不同文化之间空间上巧妙的过渡，从而形成艺术大学居中的多元化文化艺术核心的空间结构。该地段现有的零售业主要集中在布罗德街和云杉街交叉口。根据规划委员会的资料显示，尽管在制定《南布罗德街愿景规划》时，基梅尔演艺中心还未动工，但在布罗尔街和云杉街交叉口西北角的亚特兰大大厦一层已经有一家新餐厅和一家新咖啡馆入驻，而在东南角的一层新开了一家艺术品店。由此可见，基梅尔演艺中心在建成后将大大带动周边现有零售业的繁荣。

2）交通发展

为了解决停车难问题，规划提出未来计划在艺术大街周边的步行范围内建设 400~600 个非沿街停车位的目标。鉴于基梅尔演艺中心建成后将带来的交通压力，计划在距该中心一个街区的范围内新建一座停车楼。经过实地考察，规划委员会认为位于15街与云杉街交叉口西北角的地块是最适合的建设场地。根据规划，该停车楼将提供500 个停车位，同时在建筑的一层临街面设

图 4-15　新建大型综合娱乐中心

置商业零售空间，包括商店和餐厅等。位于南布罗德街与洋槐街交叉口东北角现有两座建于 20 世纪 40 年代末的停车楼，由于年久失修和设施陈旧，该停车楼使用效率很低。规划建议在原址重建一座现代化的新停车楼以取代这两座停车楼，但原有停车楼建筑位于百老街和洋槐街交叉口东北角的一、二层有两家颇受欢迎的餐厅，规划委员会特别提出在重建过程中应予以保留，新建的停车楼将紧临这两家餐厅而建。

为了更好地解决拟建的大型综合娱乐中心及未来南部开发可能带来的交通压力问题，规划委员会提出了两个解决方案。方案一是强制要求开发商在建设大型综合娱乐中心时将一部分作为拥有 500个停车位的停车楼供社会使用，但这势必将会大大减少有效的商业面积，降低开发商的利润，规划委员会担心此举会提高吸引私人投资的难度。方案二是将位于伦巴底街与布罗德街交叉口西南角的康复中心迁出，在该用地上建设新停车楼。但由于费城市政府仅仅拥有该用地的一部分，进行整合就必须要求规划部门使用强行征用权（Eminent Domain），用地整合难度较大。根据产业发展部的估算，使用强行征用权将需要政府支付约 2000 万美元（包括土地补偿金、康复中心重建等费用），而且还没有考虑随之产生的社会成本。经过反复论证，最终规划委员会决定采用方案一，并提高该用地的容积率作为开发商建设停车楼的补偿。

3）开放空间

开放空间规划提出建设位置的选择应综合考虑南布罗德街两侧重要的文化和艺术建筑，以兼顾

观众在演出前后休息之用。在此原则的指导下，规划委员会计划投资 500 万美元在云杉街和 15 街交叉口西南角处建设街角公园（图 4-16）。该公共空间紧临基梅尔演艺中心，既可为观众、游客和市民提供休息的场所，也可以作为室外演出的场地。该用地现为食品市场占据，计划将该市场迁至云杉街对面拟建的大型停车场一层。另一个拟建的开放空间是位于松树街与布罗德街交叉口东北角的艺术大学公园，公园与艺术大学隔街相望，主要服务于周边高校的在校学生，包括艺术大学、费城艺术学院、皮尔斯学院。按照规划，该公园建成后将由艺术大学管理和维护，作为学生日常活动的场地。该用地现为一座三层停车楼占据，需要规划委员会对其土地进行征用。

图 4-16   云杉公园设计图

资料来源：South Broad Planning Task Force，1999

4）住宅建设

为了避免形成艺术大街的文化艺术职能单一化的问题，规划委员会提出将居住功能引入南布罗德街，特别要加强面向在市中心工作高端人群的住宅以及面向艺术院校学生的学生公寓的建设。在学生公寓建设方面，艺术大学正在筹划在布罗德街对面建设新的学生公寓。根据规划委员会的建议，新公寓临街的 1 ～ 3 层将作为艺术画廊、咖啡馆和电影院使用，并与拟建的艺术大学公园相联系，丰富街道生活（图 4-17 ～图 4-22）。

在私人住宅建设方面，规划鼓励在核心地段内建设豪华型高层公寓。经过研究，规划委员会认为最合适的地点是在威尔玛剧院顶层加建。威尔玛剧院位于艺术大街的黄金地段，可俯瞰建成后的基梅尔剧院巨大的玻璃穹顶，区位优势明显，房地产升值潜力巨大，适合开发高端公寓。威尔玛剧院在设计时就已考虑了加建的可能，最多可加建 25 层，将提供 150 ～ 200 套公寓。另外，在布罗德街与南大街交叉口附近计划进行新的联排住宅的建设。

图 4-17 基梅尔演艺中心地段设计图
资料来源：South Broad Planning Task Force，1999

图 4-18 基梅尔演艺中心地段实施后实景拍摄

图 4-19   艺术大学

图 4-20   威尔玛剧院

图 4-21   梅里亚姆剧院

图 4-22　艺术大街建筑壁画设计

4.2.5　分区规划 III：华盛顿大街地段

4.2.5.1　现状及面临的问题

作为艺术大街的门户，华盛顿大街地段位于市政厅以南 1 英里处，这里拥有费城表演艺术高中、费城芭蕾舞团等官方文化教育机构，同时拥有白兰地版画工作室、克莱夫爵士乐俱乐部等民间艺术文化组织。但该地段内也有很多空地、快餐店、加油站等与艺术大街建设"高密度、步行友好型艺术街区"的目标不相符的土地使用功能（图 4-23）。

关于该地段在未来发展中可能面临的问题，规划委员会认为：首先，目前南大街以南的地段普遍存在的土地空置率高和新增建设项目少的问题。其次，华盛顿大街地段商业用地主要以郊区式的、服务于机动车的、低密度土地开发模式为主，缺乏中高密度的、形成连续零售业界面的商业土地开发。第三，由于距离核心区距离较远，华盛顿大街地段的发展并没有像艺术大街其他地段那样受到核心区的辐射作用，而华盛顿大街地段周边

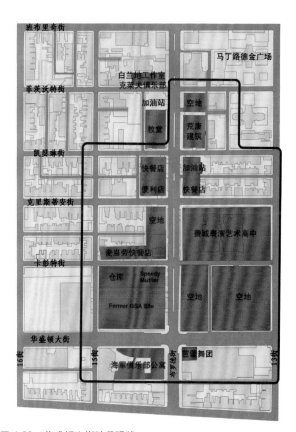

图 4-23　华盛顿大街地段现状
资料来源：South Broad Planning Task Force，1999

的社区普遍居民较少，收入较低，购买力不足。如何建立该地段与费城南部社区之间的空间和经济上的联系将成为未来发展的重点。第四，该地段的街道空间急需改善，特别是被视为艺术大街南大门的布罗德街与华盛顿大街的交叉口对于费城南部社区居民对艺术大街的印象的形成起到至关重要的作用。

4.2.5.2 发展策略

规划委员会提出了以下发展策略（图4-24）：

图 4-24   华盛顿大街地段发展策略示意图

资料来源：South Broad Planning Task Force，1999

1）产业发展

规划提出严格限制服务于机动车的商业零售业的开发，主要手段除了用地区划外，还特别编制了"中心城区商业用地特别控制条例"（The Center City Commercial Area Special Controls），条例中严格禁止在布罗德街两侧进行收费停车场、快餐店、汽车配件店等的建设，并对新建或改建的建筑立面提出了特别审批条款。

在扶植文化创意产业方面,费城市政府通过其下属的费城产业发展部购买该地段内闲置土地的方式保证文化产业结构发展策略的推行,特别是面对近年来电影和音乐产业的快速发展,规划提出将位于布罗德街和华盛顿大街交叉口东北角的大宗空置地块作为未来电影和音乐产业孵化中心,主要面向一些尚处于创业阶段的小规模电影工作室和录音棚。在具体设计上,规划提出鼓励具有工业美学风格的 LOFT 空间的开发,并配有停泊演播车的专用附属停车场。

2)开放空间

在费城表演艺术高中对面建设一个大型的艺术广场,一方面作为由南部进入艺术大街的主要景观节点;另一方面可以提高周边的土地价值,带动高密度商住项目的开发。为了保留该地段的历史记忆,位于该地块内的原费城至巴尔的摩(Baltimore)铁路的站场被保留下来,该铁路站场的设计代表了 19 世纪末铁路站场的典型风格,具有较高的历史文化价值,已被费城历史保护协会确定为市级历史保护建筑。尽管目前作为食品仓库使用,但按照规划费城市政府计划将其赎买并开发成为具有工业遗产风格的社区公园,向周边社区居民开放。

3)住宅建设

在住宅建设方面,规划提出加强以艺术广场为中心的艺术广场社区的建设,主要面向在市中心工作的年轻人或退休人员。在艺术广场的北侧和南侧,规划了若干较高开发强度的居住用地。同时,在位于菲茨沃特街和克里斯蒂安街之间布罗德街沿线规划了可容纳 600 个单元的居住用地。按照规划,艺术广场社区在建成后将提高华盛顿大街地段的人气,带动商业零售业的发展。在住宅具体形式上,鼓励中高密度的商住混合式公寓的开发。商业零售业店面主要集中在布罗德街和华盛顿大街沿线,附属停车场则位于住宅的背街面,尽量减少机动车对艺术大街的影响。另外,卡彭特街沿线的一些小块空地被规划为中密度的居住用地,鼓励填充式联排住宅的开发,面向希望住在市中心并同时拥有郊区风格住宅的中等收入家庭。华盛顿大街沿线废弃的一些工业建筑将被改建为家庭工作室,面向私人艺术家(图 4-25、图 4-26)。

图 4-25 华盛顿大街地段新建公寓

图 4-26　艺术大街南入口灯柱设计

4.3　融资计划与实施管理

4.3.1　融资计划

　　费城市政府大力推行"公共投资带动私人资本跟进"的融资策略,建立以艺术大街公司为主导、业主广泛参与的公私合作基础,从而在制度上保证了整个艺术大街工程的顺利实施。在制定具体行动时间表和预算的过程中,艺术大街公司召开了多次公众听证会,广泛听取业主的意见和建议,并对其反馈上来的问题进行了认真细致的研究。最后,根据市长伦德尔制定的"优先发展中小项目"的指导方针,将实施步骤分为短期目标(1～2 年)、中期目标(3～5 年)和远期目标(5 年以上),并对所需费用和政府行动议程进行了尽可能周密的考虑(表 4-2)。

行动议程与财政预算 表4-2

地段		发展策略	周期	预算(万美元)	政府行动议程
基梅尔演艺中心地段	产业发展	在布罗德街与松树街交叉口附近的城市拥有的土地上建设集零售业和娱乐业于一体综合体建筑,丰富艺术大街的休闲娱乐功能,充分发挥商业潜力	中期	1500~2000	由市政府下属的费城产业发展公司来进行统一开发
		在临街建筑改造或新建过程中,鼓励一层作为零售业和服务业店面,促进步行友好型街道空间的建设	短期		
		拓展基梅尔演艺中心周边的零售业	短期	100~200	研究商业潜力,扶植小型零售业的入驻
	交通发展	在基梅尔演艺中心附近的15街与云杉街交叉口处建设一座大型停车楼	短期	1200	采取公私合作式开发的发展策略,推行动态与静态交通一体化的交通发展规划
		拆除布罗德街两侧已荒废的停车楼建筑	中期	1800	
	开放空间	建设云杉路街角公园	短期	500	吸引私人资本进行建设
		建设艺术大学公园	中期	300	与艺术大学合作筹集建设资金
	住宅建设	在威尔玛剧院上层加建高档公寓	长期	2000~3000	吸引私人资本进行建设
		在布罗德街与南大街交叉口附近建设新的联排住宅	长期	3000	
华盛顿大街地段	产业发展	限制布罗德街两侧服务于机动车的商业零售业的开发	短期		主要区划手段和特别控制条例得以实现
		在位于布罗德街与华盛顿大街交叉口东北角的大宗空置地块建设电影和音乐产业孵化中心	中期	2000~3000	
	开放空间	建设艺术广场	长期	400	
		将铁路站场改建成遗址公园	长期	300~500	
	住宅建设	围绕艺术广场进行高密度商住项目的开发	长期	6000	通过公众参与,与该地段内的居民就发展目标和前景等问题上建立广泛的合作和共识
		将华盛顿大街沿线废弃的一些工业建筑改建为家庭工作室,在位于菲茨沃特街和克里斯蒂安街之间布罗德街沿线规划了新的住宅建设	长期	4000~5000	

续表

地段	发展策略		周期	预算(万美元)	政府行动议程
栗树街地段	产业发展	充分挖掘原默里迪恩银行所在空地的商业潜力,建设一座多功能混合使用的综合体建筑	中期	250	采取公私合作式开发的发展策略,与私人业主建立广泛的沟通及合作
		制定胡桃树街与布罗德街区域零售业发展总体规划	短期		
		增加胡桃树街和布罗德街两侧建筑的底层商业零售空间	中期	5	
	交通发展	在紧邻原默里迪恩银行大厦南侧空地建设一个大型的地面停车场	短期	1	采取公私合作式开发的发展策略,推行动态与静态交通一体化的交通发展规划

资料来源:South Broad Planning Task Force,1999

4.3.2　实施管理

在实施管理上,艺术大街工程采用网络式管理(Network Management)的方式(Bounds,2006 & 2007)。所谓网络式管理是一种公私合作式的管理模式,强调公共政策的制定与实施不应依靠由政府为主导的单核心管理模式,而应建立一个由政府、财团、民间机构和相关利益群体组成的多核心的管理网络,并根据各自不同的优势采用不同的策略在不同阶段起到领导的作用,充分利用一切可以利用的因素。

具体来说,艺术大街的管理网络主要有三个领导者,分别是以市长伦德尔为代表的费城市政府,以市长夫人玛乔丽·伦德尔(Marjorie Rendell)为代表的表演艺术中心委员会,和以伯纳德·沃森(Bernard Watson)为代表的彭威廉私人基金会(表4-3、表4-4)。在这三者的共同领导和协作下,利益多元化的艺术大街工程得以顺利实施。

艺术大街主要领导者直接参与的重点项目　　　　　　　　　　　　　表4-3

重点项目	爱德华·伦德尔	玛乔丽·伦德尔	伯纳德·沃森
基梅尔演艺中心	●	●	●
费城表演艺术高中	●	●	●
威尔玛剧院	●	●	
白兰地版画工作室			●
艺术银行			●
克莱夫爵士乐俱乐部			●

注:"●"代表直接领导该项目
资料来源:Bounds,2006

艺术大街主要领导者的作用　　　　　　　　　　表4-4

融资策略	爱德华·伦德尔	玛乔丽·伦德尔	伯纳德·沃森
寻找新的公共资金和项目	●	●	
寻找资金来源	●	●	●
参与联合决策和政策制定	●	●	●
建立项目合作关系	●	●	●
签订规划和实施合同	●	●	
寻求技术支持	●	●	
寻求政策支持	●	●	
巩固政策推行	●		●

注："●"代表直接领导该项目
资料来源：Bounds，2006

市长伦德尔是整个管理网络中最活跃的领导者。在 1992 年他成为费城市长之前，南布罗德街艺术区的建设一直是由民间资本运作的项目，没有得到官方的支持。而在他的任期内（1992 ~ 1999年），费城市政府成为艺术大街工程的首要推动者。伦德尔充分利用市长的行政权力和资源，不但积极向州政府申请各种公共资金，而且通过激励性政策等广交商界、慈善界、文化界精英为整个项目献计献策和慷慨解囊。艺术大街公司和费城产业发展公司是伦德尔主要依靠的两个管理工具。艺术大街公司主要负责制定相关的公共政策和监督实施过程。为了提高艺术大街公司的影响力，很多民间精英被邀请加入其中。费城产业发展公司则主要负责申请公共财政支持，如：费城产业发展公司于1992 年申请到宾夕法尼亚州再发展联盟基金的财政支持（Arganoff & McGuire，2003）；同时，它也为中小项目招商引资，例如，正是在费城产业发展公司的努力下，彭威廉私人基金会与克莱夫爵士乐俱乐部和艺术大学达成了合作协议。伦德尔自己认为，他对于艺术大街工程的最大贡献在于其卓越的融资能力。在他的游说下，当时的宾夕法尼亚州长不但同意在财政上支持艺术大街工程，而且肯定其重要性，从而扩展了伦德尔向民间融资的渠道。

与市长伦德尔不同，玛乔丽·伦德尔在整个管理网络中更多地承担着领导和组织公众参与，对规划进行讨论和修改以达成共识的角色。她充分利用其律师的沟通技巧和市长夫人的身份成功地平衡各方利益，促成共识。作为表演艺术中心委员会的负责人，玛乔丽·伦德尔在基梅尔演艺中心的项目中起到了关键的作用。1996 年，正是在她的力荐下，基梅尔演艺中心的定位被提升为区域演艺中心，而不仅仅是一座费城交响乐团专用的普通音乐厅，一跃成为艺术大街工程中最重要的项目。此外，玛乔丽·伦德尔还担任着艺术大街公司主席的职务，帮助市长伦德尔拓展了融资渠道。例如：在获得宾夕法尼亚州长支持的过程中，玛乔丽·伦德尔通过说服州长夫人的方式间接促成了州政府对艺术大街工程的支持。在费城表演艺术高中和威尔玛剧院项目中，玛乔丽·伦德尔也成功地募集了部分建设资金。

作为彭威廉私人基金会的主席，伯纳德·沃森并不需要募集资金，利用这一优势他在管理网络中主要负责为包括艺术银行和克莱夫爵士乐俱乐部在内的相对独立的小型项目提供财政支持。作为艺术大街公司委员会的成员，他还直接参与费城市政府决策过程，例如：在费城表演艺术高中的选址过程中，沃森说服了市议会和校务委员会成员，最终选择建在艺术大街两侧。

艺术大街公司的统计资料显示，1993～1999年短短6年间，在官方与民间的共同努力下，艺术大街工程共筹集到约6.5亿美元（表4-5、图4-27、图4-28），已完成所需初步建设资金的76%，其中公共环境改善投资完全由公共财政支持，主要包括街道空间的完善和公共建筑的更新。根据政府行动议程，已到位资金主要用于近期和中期的建设目标，具体的改造顺序是以市政厅为起点，由北至南依次改善。艺术文化设施的融资主要包括两种渠道，大型的项目采用公私资本合作开发的方式（如金慕演艺中心）；而中小型项目则通过民间资本（如彭威廉私人基金会）与艺术团体合作的方式来完成，政府更多地是通过间接的方式来促成这种合作关系。教育设施融资主要依靠政府与教育机构的合作，政府提供部分建设资金或土地。在住宅建设融资中，政府的公共投资主要支持公共住宅的建设或改善，但鉴于是远期目标，大部分资金尚未到位，而在商品住宅建设融资方面已吸引了一些私人资本。商业与服务业建设完全依靠私人投资，政府通过减免税等优惠政策促进商业和服务业的繁荣。而进入2000年以后，随着艺术大街工程的逐步完成，非官方的投资大幅提高。截至2005年，费城规划委员会的资料显示，政府所投入的总共1.23亿美元的公共投资共带动了11亿美元的私人资本的跟进。政府制定的"公共投资带动私人资本跟进"的融资策略取得了巨大成功。

具体项目资金构成（1993～1999年）   表4-5

		已到位资金（万美元）	未到位资金（万美元）	总计（万美元）
公共环境改善投资	南布罗德街街景改善	1500		1500
	市政厅修缮	6000	6500	12500
	栗树街街景改善	1150		1150
	南大街西侧街景改善		250	250
	华盛顿大街街景改善		450	450
	南布罗德街与华盛顿大街交叉口处的标志灯塔设计	50		50
艺术文化设施投资	基梅尔演艺中心	25500		25500
	王子音乐厅	1100		1100
	艺术大学梅里亚姆剧院	800		800
	费城音乐学院翻新	3650		3650
	威尔玛剧院	800		800
	艺术银行	390		390
	克莱夫爵士乐俱乐部	400		400
	白兰地版画工作室	200		200
	芭蕾舞团	200		200

续表

		已到位资金（万美元）	未到位资金（万美元）	总计（万美元）
教育设施投资	艺术大学			
	新建教学楼	3200		3200
	汉密尔顿礼堂	1200		1200
	学生宿舍翻新	300		300
	安德森礼堂	500		500
	新建学生宿舍		2650	2650
	费城表演艺术高中	3600		3600
	费城艺术学院		1700	1700
住宅投资	宾夕法尼亚公寓	2000		2000
	法尔内塞老年公寓	1500		1500
	马丁路德金公共住宅更新		8800	8800
	胡桃树街1411号住宅	1000		1000
商业投资	卡尔顿宾馆	8500		8500
	南布罗德街一号大厦	800		800
	"香蕉共和国"旗舰店	750		750
总 计		65090	20350	85440

资料来源：South Broad Planning Task Force，1999

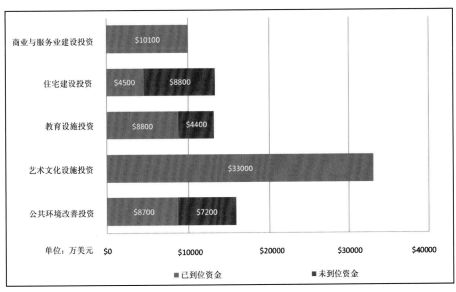

图 4-27　融资构成分析（1993 ～ 1999 年）

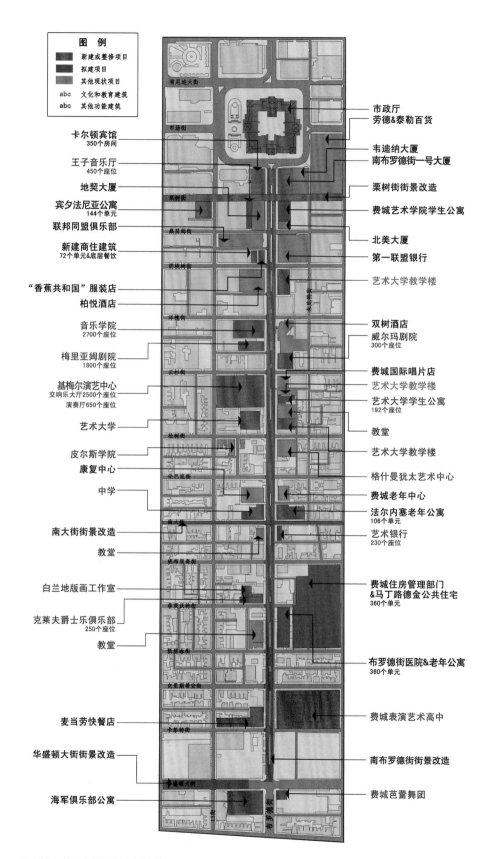

图 4-28 艺术大街规划项目总览

资料来源：South Broad Planning Task Force，1999

4.4 启 示

当下文化艺术产业在我国方兴未艾，发展势头迅猛。在一些发达地区，文化艺术产业已经成为一个越来越引人注目的经济部类，创造了很好的经济效益。很多地方政府将建设文化艺术区作为城市更新的一个重要的手段，以实现产业结构调整、市容环境治理、基础设施完善、城市形象重塑等目标，提高城市的综合竞争力。比较具有代表性的实例包括上海张江文化科技创意产业基地、北京798艺术区、香港西九龙文娱艺术区、深圳大芬油画村等。在这样的背景下，对费城经验的总结也许会对我国城市文化艺术区的建设提供有益的参考价值。

4.4.1 多元化的融资策略

费城艺术大街的发展历史告诉我们，文化创意产业往往出现在具有一定文化艺术底蕴的地区，是一种民间的自发活动，而政府行政力的参与往往对其成功起到至关重要的作用，正如南布罗德街艺术区发展的转折点出现在1992年费城市政府介入之后。然而，这并不意味着发展文化创意产业应该是一种政府行为。恰恰相反，政府应该充分利用民间资本和社会资源，建立多元化的融资策略，这正是费城能够取得成功的最重要原因。

如前所述，在市长伦德尔的努力下，费城艺术大街工程建立起由政府、财团、民间机构和相关利益群体组成的多核心的管理网络。这个管理网络吸纳各个领域的精英，在一个统一目标下相互协调达成共识，利用各自不同的优势，采用不同的策略，在项目进行的不同阶段起到重要作用，从而最大化地吸纳了官方和民间资本，拓展了融资渠道，实现了"公共投资带动私人资本跟进"的融资策略，保证了对艺术大街工程的财政支持。

4.4.2 "规划先行，循序渐进"的发展理念

文化艺术区的建设应该坚持"规划先行，循序渐进"的发展理念。文化创意产业多是由民间自发兴起，因此往往缺乏整体规划。尽管某些非官方机构也能编制规划，但由于其缺乏行政力和公共财政作支持，规划范围往往较小或整体推行难度较大，如艺术大街委员会制定的"学院中心规划"和彭威廉私人基金会制定的"南布罗德街文化走廊发展规划"。而政府参与文化艺术区建设的优势之一就是可以通过对整体规划的编制和支持统一引导文化艺术区的发展。

在艺术大街发展初期，费城市政府编制了统一的发展规划，明确了发展重点，并制定了详细的财政预算和政策框架。艺术大街规划的重点并不在物质层面，而在于政策和实施层面。它更多地考虑到规划实施的时序性和策略性，从某种意义上讲是政府的行动指导和实施的议程表。为了提高可操作性，在规划的制定过程中强调公众参与，主要方式是通过成立包括规划部门负责人、商会代表、艺术院校校长和民间团体代表等在内的规划委员会，经过共同协商保证了最终编制的规划能够得到各利益集团的接受。在实施上，艺术大街工程始终坚持"循序渐进"的稳步发展模式，具体体现在利用民间资本优先发展中小项目以形成初步规模，树立私人投资者的投资信心。

4.4.3 统一的管理体制

文化艺术产业涉及文化、文物、广电、新闻、规划、建筑等多个部门。如果没有统一的管理体制，很容易出现各自规划、政出多门、管理重叠等弊端，阻碍文化艺术产业的发展。因此，建立统一的管理体制十分重要。艺术大街项目的成功很大程度上得益于艺术大街公司的统一管理，一方面政策

与实施出自同一机构，最大程度上保证了连续性；另一方面，由于文化艺术产业有众多民间组织和私人业主的参与，统一的管理机构有助于在出现利益分歧时进行协调，最大程度上润滑实施环节。

因此，针对我国文化艺术产业的管理情况，应该从制度创新的角度出发，转变政府职能，理顺管理体制，提高行政服务效率。建议合并有关政府管理部门，组建针对具体项目的管理部门，实施统一的筹划、运营和管理。若由于具体条件所限，难以建立统一的管理机构，可以在政府内部设跨部门的、拥有管理职责的联合机构，对文化艺术产业实行统一管理。

4.4.4 "依托于人、服务于人"的文化艺术区建设

艺术大街项目的实施充分体现出"依托于人，服务于人"的原则，前一个"人"是指文化艺术的生产者，而后一个"人"是指文化艺术的消费者。只有满足供求双方的需求，文化艺术区才能取得成功。"依托于人"体现在重视艺术人才的培养，以及对艺术教育机构和团体的扶植。费城市政府与费城音乐学院、艺术大学、交响乐团、芭蕾舞团等展开广泛合作，打造多层次、多规格、多手段培养艺术人才的公共平台。同时，努力扶植尚处于创业阶段的艺术机构，大力吸引艺术人才来此创业。"服务于人"体现在完善居住、休闲等配套服务设施，加强文化艺术产业与商务、商业、旅游、居住等功能的结合，支持文化产业链的形成，充分发掘文化艺术产业的经济价值和社会价值。中国当前有一些文化产业区有盲目高标准的趋势，如果脱离了当前中国文化艺术的生产者和消费者，这些地区将面临衰退的风险，必须引起注意。

本章参考文献

[1]Agranoff R, McGuire . M. American federalism and the search for models of management[J]. Public Administration Review , 2001, 61（6）：671-681.

[2]Bounds A. Philadelphia's avenue of the arts：The challenges of a cultural district initiative [C]//Smith M.Tourism, culture & regeneration Wallingford, UK；Cambridge, MA：CABI Publication, 2007；132-142.

[3]Bounds A.Network management in cultural district implementation：The case of Philadelphia's avenue of the arts[D]. Ph.D Dissertation., Milano, the New School for Management and Urban Policy, 2006.

[4]Econsult Corporation. Economic impacts of performing arts organizations on avenue of the arts[R].Philadelphia, PA, 2007.

[5]Frost-Kumpf H A. Cultural district handbook：The arts as a strategy for revitalizing cities[M]. New York, NY：Americans for the Arts, 1998.

[6]Hall Peter. Cities of tomorrow[M]. Cambridge, MA：Wiley-Blackwell, 2002.

[7]McGuirck P M. Power and policy networks in urban governance：Local government and property-led regeneration in dublin[J]. Urban Studies , 2000, 37（4）：651-672.

[8]Newman P, Smith I. Cultural production, place, politics on the south bank of the thames[J]. International Journal of Urban and Regional Research , 2000, 24（1）：9-24.

[9]Pennsylvania Economy League. Moving in harmony：The union of arts, business and lifestyle on the avenue of the arts[R]. Philadelphia, PA：Pennsylvania Economy League, 1999.

[10]South Broad Planning Task Force. Extending the vision for south broad street[R]. Philadelphia, PA：South Broad Planning Task Force, 1999.

[11]Zukin S. The culture of cities[M]. Cambridge, MA：Blackwell, 1995.

[12]（英）约翰·霍金斯 . 创意经济——如何点石成金 [M]. 洪庆福等译 . 上海：上海三联书店, 2007.

[13] 林中杰 . 玻璃拱下的城市——费城金慕演艺中心的室内空间 [J]. 时代建筑, 2003（6）：58-63.

第5章 印第安纳波利斯区域中心设计导则

获得奖项：最佳实践奖
获奖时间：2010 年

评委会主席玛丽·约克（Marie L. York），美国高级注册规划师（FAICP）："该导则是城市设计导则的范本，为使用者提供了指引，因此他们能很容易理解城市发展远景，以维持良好设计的城市空间。"

评委会评委："大多数设计导则都是陈词滥调，而它则超过了一般的设计导则，事实上，已经成为一种标准。"

　　印第安纳波利斯区域中心，即印第安纳波利斯中心城区，总面积为 6.5 平方英里（约 16.84km²）。《印第安纳波利斯区域中心设计导则》（Indianapolis Regional Center Design Guidelines）（以下简称"《设计导则》"）的编制是为了提升区域中心的创造力和多样性，延续当地历史风貌，将其建设成为一个高效的、可持续发展的、充满活力的场所，以利于当地居民的生活、工作和休闲，并保护所有投资者的利益。此外，为了维持印第安纳波利斯一贯的良好城市空间设计的声誉，并建立一个更加宜居的社区，《设计导则》提供了一个城市设计的社区标准，明确了区域中心项目的评审过程，为开发商、建筑师、设计师和所有相关人员制定自己的目标提供了有价值的参考。

5.1 项目背景

5.1.1 城市背景

　　印第安纳波利斯市位于印第安纳州的中部，西北距芝加哥 240km。2009 年城市人口约 80 万，是印第安纳州最大的城市和州府所在地，美国第 12 大城市和仅次于亚利桑那州州府菲尼克斯（Phoenix）的第二大州首府城市。印第安纳波利斯大都市区是美国第 29 位大都市区（图 5-1）。

　　印第安纳州于 1818 年正式成为美国的一个州，州府原在科里登（Corydon），当时美国大多数州愿意把州府设置在州域中心位置以便于管理，印第安纳州也不例外，新的州府就是今天的印第安纳波利斯。1820 年，州议会（the General Assembly）接受了 1 平方英里土地的捐赠作为新建城镇的用地，1821 年，亚历山大·罗尔斯顿（Alexander Ralston）[①]等完成该规划，这也就是后来著名的 1 平方英里规划（Mile Square）。规划采取轴线放射的对称布局，以圆形的政府圆环（Governor's Circle）为中心，分别向东南、西南、西北、东北方向规划四条对称的放射轴线，政府圆环内主要布局行政办公职能，整体采用方格网的布局。罗尔斯顿的印第安纳波利斯规划很大程度上受到华盛顿规划的影响（图 5-2）。

---

　① 亚历山大·罗尔斯顿，1771 年出生于苏格兰，美国独立战争后移民美国，曾经当过法国建筑师朗方（Pierre L'Enfant）的助手，帮助朗方进行美国首都华盛顿的规划。1820 年，印第安纳州负责印第安纳波利斯勘察的官员克里斯托弗·哈里森（Christopher Harrison）雇佣罗尔斯顿等负责进行城市勘察。1821 年，州议会任命罗尔斯顿负责印第安纳波利斯城市规划。

图 5-1　印第安纳波利斯市区位图

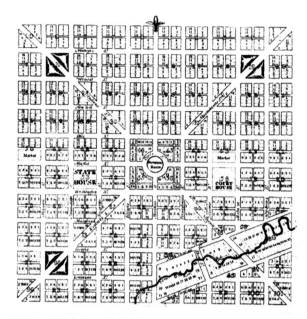

图 5-2　亚历山大·罗尔斯顿的"1 平方英里街区"规划
资料来源：Department of Metropolitan Development Division of Planning，2004

　　1825 年 1 月，印第安纳州首府正式迁至印第安纳波利斯。这个"荒野上的州府"开始迈出其发展的步伐，从最初的 1 平方英里发展到如今 600 多平方英里的城市化地区，几经起伏。1847 年，印第安纳波利斯的第一条铁路，即"麦迪逊至印第安纳波利斯铁路"，开始营运。随着公路和铁路干线的通达，印第安纳波利斯成为美国向西部开发移民的交通要塞与农畜毛皮产品的集散地。19 世纪末工业兴起，城市迅速发展，印第安纳波利斯成为州内主要工业中心、重要的谷物市场和芝加哥以东最大的牲畜市场。该市有规模很大的面粉和肉类加工工业，还有汽车零部件、金属制品、飞机发动机及药品、农业、电机和电子等工业部门。20 世纪前半叶，人口急速增长。20 世纪后半叶，郊区化和种族关系恶化使得白人中产阶级外迁，市区衰退。而从 20 世纪 90 年代开始，印第安纳波利斯市实行了一系列城市复兴计划。现在，印第安纳波利斯又重新繁荣起来。

5.1.2　编制背景

　　在 19 世纪 50 年代，印第安纳波利斯进入快速发展期，城市的持续扩张远远超过最初亚历山大·罗尔斯顿规划的 1 平方英里的规模，但是，其中心城区基本延续了最初的规划。1857 年，政府圆环变为纪念圆环（Monument Circle），一个 86.72m 高的士兵和水手纪念碑（Soldiers' and Sailors' Monument）取代了原有的政府职能建筑。多年来，以纪念圆环为核心的中心城区一直是印第安纳波利斯的经济和社会活动中心，是印第安纳波利斯和印第安纳州的服务中枢（图 5-3）。

　　为了保持城市中心区的活力，在 1958 年编制的第一个中心商务区（CBD）规划后，从 1970 年开始，1980 年、1990 年每隔 10 年，均由印第安纳波利斯政府组织，对中心城区规划进行修编。《印第安纳波利斯区域中心规划 2020》（Indianapolis Regional Center Plan 2020）（以下简称《区域中心规划 2020》）则是对其进行的新一轮修编，于 2004 年 3 月经大都市发展委员会（Metropolitan Development Commission）批准。《区域中心规划 2020》从生活、工作、娱乐、学习、交通、场所营造六个方面对规划区域提出总体目标和具体做法。《设计导则》是为了落实这些目标，明确区域中心的审批过程，指导规划实施和建设而编制的。

图 5-3　今天的纪念圆环
资料来源：http://urban-out.com/category/urban indianapolis/

5.1.3　编制区域概况

《设计导则》由印第安纳波利斯大都市发展部规划分部（City of Indianapolis, Department of Metropolitan Development Division of Planning）联合鲍尔州立大学建筑与规划学院的印第安纳波利斯研究中心（Ball State University：College of Architecture and Planning, Indianapolis Center）和印第安纳历史地标协会城市设计监察委员会（Historic Landmarks Foundation of Indiana, Urban Design Oversight）共同编制，并于 2008 年 9 月由大都市发展委员会批准通过。

《设计导则》适用范围东至 I-65、I-70 州际高速，南至 I-70 州际高速，西至贝尔特（Belt）铁路，北至 16 街，并沿着北墨里迪恩（Meridian）街向东西各拓展两个街区直至 30 街（图 5-4）。该区域是印第安纳波利斯市的政治、经济、文化中心，市、州政府中心。白河州立公园，印第安纳大学与普度大学印第安纳波里斯联合分校（Indiana University-Purdue University Indianapolis），美国礼来公司（Eli Lilly），印第安纳展览中心，以及一批金融保险公司、区域性医院、旅馆等均分布在此，并有不少体育、艺术、商业设施和社区，以及许多历史街区（图 5-5）。2003 年该区域总人口约为 2 万人，规划 2020 年人口 4 万人。

其中，关于公共路权（Public Rights-of-way Design Guidelines）部分，将由印第安纳波利斯大都市发展组织（Metropolitan Development Organization）与 SKA 公司（Storrow Kinsella Associates）联合编制《多模式的廊道及公共空间设计导则》（Multi-modal corridor and public space design guidelines），

该规划与《设计导则》无缝对接，共同指导区域中心的建设和发展。本文将结合《多模式的廊道及公共空间设计导则》一起介绍《设计导则》的编制、实施及启示。

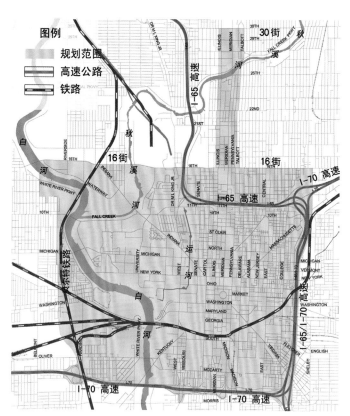

图 5-4   设计导则的规划范围

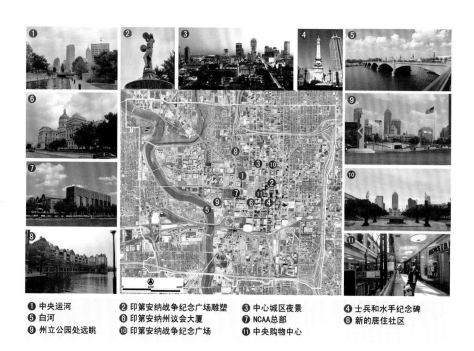

❶ 中央运河   ❷ 印第安纳战争纪念广场雕塑   ❸ 中心城区夜景   ❹ 士兵和水手纪念碑
❺ 白河   ❻ 印第安纳州议会大厦   ❼ NCAA总部   ❽ 新的居住社区
❾ 州立公园处远眺   ❿ 印第安纳战争纪念广场   ⓫ 中央购物中心

图 5-5   印第安纳波利斯城市中心区景象

5.2 设计导则内容

5.2.1 控制主题

城市设计是在城市规划原则的指导下，通过研究城市形体环境，对城市形态发展的远景进行构想和预测，形成城市设计目标和概念，制定相应的设计原则和设计导则，参与对开发建设过程的运作与管理（金广君，2001）。因此，城市设计的任务在本质上是建立一个目标控制系统。

在管理体系中，美国城市设计导则是从设计层面对区划法的重要补充。在美国，区划法（Zoning）是对城市建设的土地使用和设计控制的基本手段，它主要通过对容积率、建筑高度、建筑体量、建筑退线、停车位等方面的规定实现对设计的控制，其目的是保护个人财产的利益，维护社区稳定和促进房地产开发。设计导则作为对区划法的辅助手段之一，在设计控制中变得越来越重要，主要是对城市设计概念和不可度量标准的说明或规定，也作为公众参与和设计评审的标准之一（金广君，2001）。

在规划编制上，美国城市设计导则的控制体系没有统一的模式和要求，而是根据控制层次（全市性导则和区段性导则）及控制对象特征的不同，有不同的模式和内容。全市性导则侧重于控制开发战略、开发框架和整体形态特征。例如：旧金山市总体城市设计导则的编制分为四个主题，即城市模式、保护、主要新开发区和社区环境，均是从整体城市形态入手。区段性导则根据区段自身的特点选取需要控制的重点内容。例如：波特兰市在《滨水区设计指引》中选取三个控制主题，即波特兰的特性、人行系统的强化和项目设计，充分体现"滨水区"这一区域特征下的具体要求。

印第安纳波利斯区域中心规划设计导则根据区域中心这一特征，以《区域中心规划2020》为基础，在设计目标和设计原则的指导下，明确了四个控制主题：城市结构（Urban Structure，US）、场地构造（Site Configuration，SC）、规模和密度（Massing and Density，MD）、特征和外观（Character and Appearance，CA）。在具体编制方法上，采用三级控制体系，以条列式结构进行控制。三级控制体系包括4个大类，54个中类，180个小类（公共路权未计入整体分类中）（表5-1）。

控制体系一览表（到中类） 表5-1

主题	控制体系	主题	控制体系
城市结构（US）	US1概况 US1.1采用规划的一致性 US1.2边界 US1.3视域、街景和地标 US1.4入口 US1.5公共艺术 US1.6节日、庆典和游行 US2 历史内容 US2.1历史区 US2.2个人历史资源 US2.3 "1平方英里广场"规划 US3拆除 US3.1拆除	体量和密度（MD）	MD1 体量 MD1.1体量 MD2密度 MD2.1密度
		公共路权（PR）*	PR1廊道 PR2断面

续表

主题	控制体系	主题	控制体系
场地构造（SC）	**SC1土地利用** SC1.1印第安纳波利斯区域中心规划2020 SC1.2混合利用发展 SC1.3等级水平利用 SC1.4户外生活空间 **SC2场地设计** SC2.1环境场地内容 SC2.2场地循环内容 SC2.3情况介绍 SC2.4场地利用、维护和安全 SC2.5适应性 SC2.6建筑通道 **SC3停车** SC3.1区划法对停车的要求 SC3.2地面停车 SC3.3停车楼 SC3.4停车场入口 **SC4场地控制** SC4.1建设场地控制 SC4.2服务和递送通道 SC4.3安全栅栏、墙和篱笆	特征和外观（CA）	**CA1建筑质量** CA1.1区域中心区划法条例 CA1.2样式 CA1.3主题 **CA2建筑物正面处理** CA2.1建筑物正面特征 CA2.2材质 CA2.3模式、比例和结构 CA2.4窗户处理 CA2.5标识 CA2.6屋顶轮廓线/屋顶 CA2.7建筑物正面照明 CA2.8雨篷和遮阳篷 **CA3建筑通道和交通组织** CA3.1建筑物入口/出口 CA3.2拱廊、隧道和走道 **CA4场地要素** CA4.1街道家具 CA4.2步行道和自行车设施 CA4.3场地照明 CA4.4屏蔽 CA4.5铺装材料 CA4.6城市森林和植物体 **CA5可持续发展** CA5.1LEED标准 CA5.2屋顶花园 CA5.3供暖/制冷 CA5.4能源利用 **CA6服务** CA6.1设施 CA6.2连接人行道和街道的斜坡/住宅前的车道

注：* PR为根据《多模式的廊道及公共空间设计导则》增加的栏目，其与《设计导则》无缝对接，具有同等法律效力，但未将其计入整体分类。

5.2.2　编制过程

当控制主题确定以后，下一步是根据控制主题确定单个主题的具体控制内容，这个部分也是导则编制的核心。下面以公共路权中廊道的设计导则为例，介绍其具体的编制过程。

5.2.2.1　识别廊道类型

廊道界定了街区的中心和边界，它的出现离不开其所在的区域。而街区是一个步行友好的、高度连通的场所；节点是高强度活动及人流、物流、工作及服务最易达到的场所中枢。按照廊道功能划分，区域内的基本廊道主要由四类构成：场所营造型廊道，位于街区中心的高强度的商业和居住节点，人流聚集的交通友好的街道；通过型廊道，位于街区的边缘，并能连接不同的街区；连接型廊道，使通行者方便地从街区的边缘到街区中心；地方型廊道，提供街区内部的连通，廊道与所在区域的关系如图 5-6 所示。

此外，还有背街型廊道（区域内部起到交通连通功能的街道）、服务型廊道（为商业和居住等功能服务的街道）及重叠廊道（两种及两种以上功能廊道的重合）等类型。

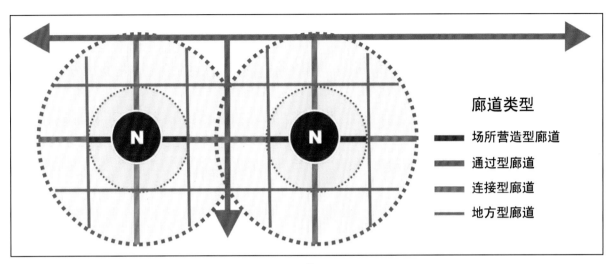

N 节点：区域经济活动的中心，包含交通枢纽，场所营造廊道和特色的场所。

● 区域中心：1/4英里半径，步行友好的区域。

次区域中心：1/2英里半径，步行范围内方便到达BRT站点，以及《区域中心规划2020》中相应的特征区域。

多模式区域：1/2英里半径，自行车可达性范围最大程度不被划分为步行次区域。

图 5-6 廊道与区域之间的关系范式图

资料来源：Metropolitan Development Organization & SKA，2008

5.2.2.2 明确廊道特征

步行是到达相应场所的基础——所有的出行均始于和终于我们的脚步。步行距离决定了我们生活的半径。一个地域的公共空间是由环绕在活动最密集、强度最高的中心节点周围的适宜步行的街区构成的，不同的街区通过多模式的廊道彼此连接。因此，交通网络服务于步行友好的街区不仅使得所有年龄阶层通过各种方式都能方便地到达相应的场所，而且能够提高我们的生活质量。一旦廊道类型确定以后，下一步就是要使得使用者理解廊道及相关区域的功能、范式及彼此之间的网络关系。

规划根据区域特点及步行友好街区的特征，共分为CBD步行友好街区、村庄型混合利用步行友好街区、文化步行友好街区、校园步行友好街区、交通导向步行友好街区、村庄居住步行友好街区，以及其他非步行友好街区几种类型。而廊道按照七种功能分类可进一步细分（图 5-7）：①场所营造型廊道，包括现代林荫大道、城市步行廊道、郊区步行廊道、社会街道；②通过型廊道，包括现代景观型快速路；③连接型廊道，包括城市通勤廊道、城市单向通勤廊道、郊区通勤廊道、城市次干道、郊区次干道；④地方型廊道，包括支路、安静的街道、自行车林荫道；⑤背街型廊道，包括背街道路、背街交通道；⑥服务型廊道，包括商业服务街、居住服务街；⑦重叠型廊道，包括城市美化林荫道。

该理想范式适用于城市或郊区。该范式表明在步行友好街区内的街道模式中，多模式廊道占有更高比例，并延伸到街区之外形成连接区域内所有步行友好街区的网络。部分廊道有其自身的特点，如城市景观大道可以与通勤廊道重合。步行街区之间可以彼此相连、重叠，也可以彼此孤立，主要取决于土地利用性质和密度。步行友好的街区之间通过跨越整个区域的多模式廊道彼此相连。多模式廊道和街区一起构建了平衡的交通系统，提高了土地利用的质量和效率。不同的廊道具有不同的特征，表 5-2 归纳了不同类型廊道的特征及设计要求，为具体廊道的控制奠定基础。

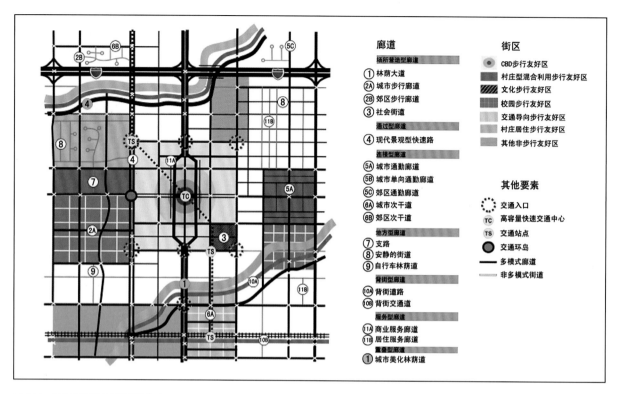

图 5-7   街区及廊道理想模型范式图

资料来源：Metropolitan Development Organization & SKA，2008

廊道类型特征一览表

表5-2

序号	廊道类型	廊道种类 所在区域	廊道宽度和街区长度	街道要求 交通管理目标
1	现代林荫道	场所营造型 区域中心	120～140英尺（特殊情况下最小100英尺） 推荐街区尺度200～250英尺	限速25mph，密集的穿越交通
2A	城市步行廊道	场所营造型 镇中心或大城市的某一区域中心	最小90英尺 推荐街区尺度200～250英尺	限速25mph，控速管理，密集穿越交通
2B	郊区步行廊道	场所营造型 边缘城市或卫星城市的中心	最小120英尺 推荐街区尺度小于500英尺	限速25mph，控速管理，密集穿越交通
3	社会街道	场所营造型 CBD步行街区的中心	根据街区情况而变化 街区尺度200～250英尺	限速10mph，流量自我调节，共享设计参数，较少穿越交通，密集的步行交通
4	现代景观型快速路	通过型廊道 位于区域的边缘	最小110英尺+按照区域条件一边或两边设置连续的公园和开敞空间 街区尺度尊重现状，否则应在1000英尺以上	限速450mph，信号控制减少穿越交通

续表

序号	廊道类型	廊道种类 所在区域	廊道宽度和街区长度	街道要求 交通管理目标
5A (5B)	城市通勤廊道（城市单向通勤廊道）	连接型廊道 从区域的边界到中心，或区域之间的次干路	最小80英尺（单向路最小70英尺） 街区尺度大于或等于500英尺，且倾向于沿着矩形街区的长边排列	限速35mph，信号控制减少穿越交通
5C	郊区通勤廊道	连接型廊道 从区域的边界到中心，或区域之间的次干路	最小100英尺，对新开发区域最小130英尺 街区尺度大于或等于600英尺，且倾向于沿着矩形街区的长边排列	限速35（40）mph，信号控制减少穿越交通
6A	城市次干道	连接型廊道 连接地方型街道、停车场或不同区域	最小60英尺，对新开发区域最小90英尺 街区尺度小于或等于500英尺，且倾向于沿着矩形街区的短边排列	限速30mph，限速控制管理，密集的穿越交通
6B	郊区次干道	连接型廊道 连接地方型街道、统一新开发街区	最小90英尺，对新开发区域最小105英尺 街区尺度小于或等于600英尺，且倾向于沿着矩形街区的短边排列	限速30mph，限速控制管理，密集的穿越交通
7A	城市支路	地方型廊道 连接地方型街道，停车设施或次区域之间的道路	最小50英尺，对新开发区域最小60英尺 街区尺度小于或等于500英尺，且倾向于沿着矩形街区的短边排列	限速30mph，限速控制管理，密集的穿越交通
7B	郊区支路	地方型廊道 连接当地居住区级道路，停车设施	最小50英尺，对新开发区域最小70英尺 街区尺度小于或等于500英尺，且倾向于沿着矩形街区的短边排列	限速20～25mph，限速控制管理，中度穿越交通
7C	农村支路	地方型廊道 连接当地居住区级道路、农场及农业设施	最小50英尺，对新开发区域最小70英尺 街区尺度小于或等于500英尺，且倾向于沿着矩形街区的短边排列	限速25mph，限速控制管理，中度穿越交通
8	安静的街道	地方型廊道 穿过居住区	视现存区域状况而定 街区尺度小于600英尺	限速15～20mph，共享设计参数，轻度穿越交通
9	自行车林荫道	地方型廊道 自行车的主干道	视廊道所穿越的不同区域的状况而定	限速15～20mph，限速控制管理
10A	背街街道	背街型廊道 步行和自行车的主干道	视土地利用退界要求而定 最小20～40英尺并加上连续的开敞空间	自行车/按照设计参数设计
10B	背街交通道	背街型廊道 区域边缘的交通干道，同时也是自行车的主干道	视交通模式而定	按照设计参数设计
11A	商业服务廊道	地方服务型廊道 像林荫道一样平行于商业街	依据设计模式和建筑服务需要，最小20～40英尺	限速15mph，按照设计参数设计，限制转向模式
11B	居住服务廊道	地方服务型廊道 平行于地方街道和安静的街道，可停车	最小20英尺，依据设计模式和现有街区大小而定	限速15mph，按照设计参数设计

资料来源：Metropolitan Development Organization & SKA，2008

5.2.2.3　制定廊道的具体控制条文

　　一旦使用者理解了街区和廊道的关系，并明确了廊道的特征，即可制定相应的条文。规划对廊道分两类进行控制，一是"Way"，即连续的通道，包括图 5-7 所示的 7 种廊道种类和 18 种具体廊道；二是"Zone"，即廊道的构成部分，包括自行车道 BW（Bicycle Way）、公交车道 BTW（Bus Transit Way）、交叉口 CZ（Crossing Zone）、临街区 FZ（Frontage Zone）、多功能道 MUW（Multi-Use Way）、行人活动区 PAZ（Pedestrian Activity Zone）、人行道 PW（Pedestrian Way）、快速交通道 RTW（Rapid Transit Way）、分割带 SZ（Separation Zone）、临街停车带 SPZ（Street Parking Zone）、机动车道 VTW（Vehicle Travel Way）等。下文以"Way"中的"现代林荫道"为例介绍具体的条文内容（图 5-8、图 5-9）。

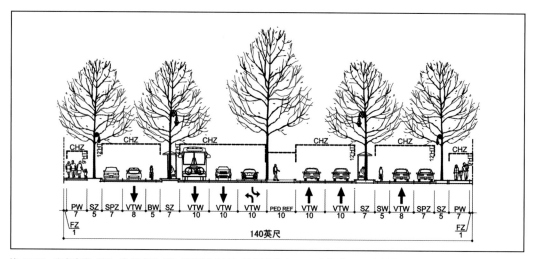

注：BTW，公交车道；BW，自行车道；FZ，临街区；PAZ，行人活动区；PW，人行道；SZ，分割带；
SPZ，临街停车带；VTW，机动车道。CHZ，净空区；HT，净空高度。

图 5-8　现代林荫道横断面示意图

资料来源：Metropolitan Development Organization & SKA，2008

具体条文示例：

1.0 功能分类

1.1 场所营造型廊道。

1.2 街区中心。

2.0 廊道宽度

2.1 廊道的最小宽度为 120 英尺（特殊情况必须牺牲部分功能时可以为 100 英尺），偶尔允许在一边设置线形停车道或开敞空间。

3.0 街道参数

3.1 小街区或长度在 200 ～ 250 英尺的街区应朝向廊道并允许与廊道形成穿越式交通。

3.2 限速：25mph，廊道上的交通管理设计应控制潜在的超速可能。

3.3 应该设计隔离带及停车道，以提高步行的舒适性及场所的质量。

3.4 在交叉口应进行新型转向控制设计以使得十字路口的交通的冲突最小化。

3.5 不鼓励开向廊道的开口及附属的人行道。

3.6 必要的地块入口，连接人行道和街道的斜坡应设置在较小的道路（避免在主路上开口），并

高密度混合利用且
步行友好的廊道

中间隔离带也可转
换为交通道

植物分割带

自行车道紧邻停车
道

限制设置左转道和无
障碍通道

在交叉口人行横道
优先

在高峰期能容纳高
流量交通

鼓励结合人行道设
置咖啡座和小广场

现代林荫大道是综合交通、停车、步行等多种功能的景观大道。一般来说，禁止在现代林荫大道上开口，设置小道和连接人行道及车行道的斜坡。在高峰期，该廊道能容纳高流量的各种交通模式，但是在低速的情况下。

现代林荫道交通模式等级

图 5-9　现代林荫道示意图

资料来源：Metropolitan Development Organization & SKA，2008

应尽量将开口点合并。

4.0 鼓励的交通模式（除了标准的小汽车交通之外）

4.1 鼓励区域性交通模式（快速交通或公共交通），具体设计参考快速公交通道和公共交通道设计指引。

4.2 鼓励自行车、人行交通模式，鼓励设置停车道，具体设计参考自行车道、人行道、多功能道设计条文。

4.3 鼓励设置步行活动区。

4.4 允许卡车通行，但不推荐。在林荫道上应设置与林荫道平行的服务通道，方便卡车为临近的商业建筑上下货物，在林荫道上通过限制车辆宽度限制重型商业性卡车通行。

5.0 主导的土地利用模式

5.1 适用于大多数土地利用类型，尤其是零售及商业等高强度混合，并辅以配套住宅的利用模式。

6.0 交通设施

步行

6.1 推荐人行道宽度 7 ~ 12 英尺。

6.2 如果宽度允许或是林荫道边有公园的情况下，局部路段可设混合自行车、人行混合道代替单独的自行车道和人行道。

6.2.1 人行道可延伸至相邻的连续的公园或公共空间。

6.2.2 其他可参照人行道及多功能道路部分进行设计。

自行车

6.3 如果自行车道不是紧邻停车道设置，但是行车道和 85% 的实际交通速度超过 40mph，那么在机动车道和自行车道或多功能道之间应加设隔离带。

6.4 如果每条车道日均交通量（ADT）超过 1 万辆，并且高峰交通量大于 ADT 的 10%，那么自行车道应该设置在紧邻停车道或是再提供一条与之相平行的背街的自行车道。

6.5 其他请参考自行车道设计指引。

交通运输

6.6 在步行街区内，鼓励公共交通，小汽车则鼓励停放于交通枢纽配套的停车场（楼）里。

6.7 在车行道和交通站点之间应设立一个独立的区间，参考巴士公交车道和隔离区的指导部分。

6.8 如果设置快速公交，应将其设置在中央隔离带，并尽可能将公共汽车上下客也放在中央隔离带，促进各种交通模式间的无缝衔接。

6.9 其他设计请参考公交和快速交通部分。

7.0 街景和绿色基础设施

7.1 街景从广义上说是创造场所感和重要性，并且定义一个区域绿色基础设施的重要廊道，能够起到自然冷却、空气净化和雨水管理等作用。

7.2 大行道树应栽种在中央隔离带。

7.3 中等行道树应栽种在四个独立区，如果"城市美化廊道"和林荫道重叠，那么也应种大行道树。

7.4 给行道树设置灯光，美化夜景。

8.0 传统道路等级

8.1 按照交通容量通常归类为主干道，但是速度与主干道不一致。

9.0 其他设计条文

请参照总体设计条文控制。

5.2.3　表达形式

美国城市设计控制系统和运作过程由设计目标（总目标和子目标）、设计原则、设计导则、宣传引导、操作过程和实施机制六个部分组成，其中前三个部分为控制系统，以设计建构为主，后三个部分为运作过程，以建设管理为主。控制系统中设计导则的作用是用来控制和指导其他相关设计者对具体设计项目的设计，运作过程中设计导则的作用是为城市建设管理者提供管理引导和评审城市开发建设项目的依据。基于以上的控制系统和运作过程，美国城市设计导则的编制格式一般都包括设计目标、设计原则、设计导则三个方面。印第安纳波利斯区域中心设计导则的编制也充分体现了以上特点。采取以中类为主导，"原则 + 指引"（Principles + Guidelines）的控制方法。具体控制内容包括一般介绍、适用原则及具体指引三大部分。

5.2.3.1 以中类为主导的控制方法

图 5-10 中，A 表示种类标识和条目，根据不同的大类类型，会有多个不同的种类。SC2.2 为种类标识，"场地循环内容"则是场地构造（SC）大类下的一个具体中类。B 表示导则在这个部分的基本情况介绍和基本原理。

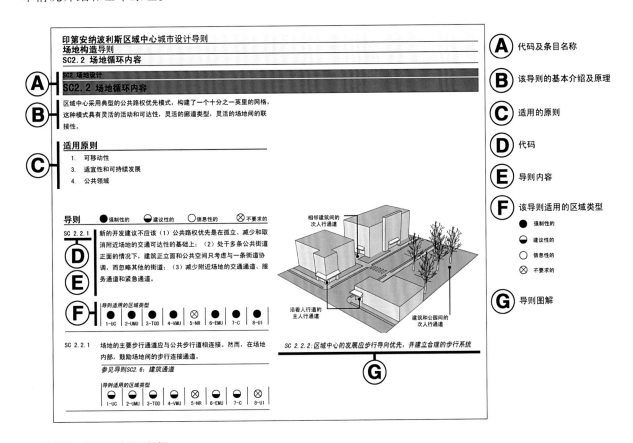

图 5-10　城市设计导则样例

资料来源：Department of Metropolitan Development Division of Planning，2008

5.2.3.2 选取该中类适用的原则

在设计导则之初，即确定印第安纳波利斯区域中心的五项原则：①可移动性（Mobility）；②健康、安全和机遇（Health，Safety & Opportunity）；③适宜性和可持续发展（Adaptability & Sustainability）；④公共领域（Public Realm）；⑤特质和活力（Character & Vitality）。在具体导则中，根据中类的特征，明确该中类适用的具体原则。如图 5-10 中 C 表示 SC2.2 适用五项原则中的①、③、④条。

5.2.3.3 以小类为具体的控制内容

每个小类以控制条文及条文适用性两个部分构成，部分小类还有图示进行解释。D 表示导则的具体标识，在小类中，每一条具体的导则都由唯一的 5 个字符的标识构成；E 为导则的具体内容；F 表示该条导则适用的区域，实心圆圈表示该导则要求执行，半实心圆圈表示该导则推荐执行，空心圆圈表示提供信息的目标，圆圈里有"×"表示不必执行；G 指在有些情况下，为更好地解释设计指引，通过图示等方式来完成。

5.2.4　设计导则特征

5.2.4.1　属于城市设计大纲类型的城市设计

美国现代意义上的城市设计大致分为三个阶段（Lang，1994）：第一阶段是 19 世纪到 20 世纪 30 年代以欧洲古典主义城市设计风格为范例，城市设计作为美化城市的工具，具体实例如 1909 年美国首都华盛顿中心区的规划；第二阶段是 20 世纪 30 ～ 60 年代以功能分区、简洁的高层建筑、有绿化的大尺度街区、广阔的高速公路为标志的现代主义为主流的城市设计；第三阶段是 20 世纪 70 年代以后随着后现代主义、解构主义、新城市主义等建设思潮的兴起，城市设计向现代主义、古典主义等多向量发展。这一系列过程的演变是规划师和建筑师共同参与的结果。这种参与，通过两种途径得以实现：一是通过具体设计城市建筑物和城市空间来实现，这是建筑师参与城市设计的途径；二是通过指导具体设计的"城市设计指导大纲"来实现，这是规划师参与城市设计的主要途径（表 5-3）。

美国城市设计两种途径的比较　　　　　　　　　　　　　　　　　　　　　　表5-3

城市设计途径		适用的建设范围	实施期限	主要参加者	主要成果
通过具体设计	全包式设计	小型项目，如一个行政中心、文化中心等	全部工程一次性完成	建筑师为主，景观设计师、规划师参加	设计图、模型
	总体合成式设计	中型项目，如一个新居住区	主体工程一次性完成	同上	设计图、模型、设计要点说明
	基本构架式设计	大中型项目，如一个新城	只有道路和基础设施一次完成，其余分期实施	同上	设计图、设计大纲、有时有模型
通过编制城市设计大纲	城市设计大纲	主要用于大中型项目，但也可用于大、中、小各类项目	大多为长期实施的项目，但也可以用于一次性完成项目	规划师为主，建筑师、景观设计师参加	设计大纲，附地图、分析图及照片

资料来源：张庭伟，2007

《设计导则》属于第二种途径。城市设计大纲（导则）是把抽象的原理、政策转化为具体可操作的设计指导，并将普遍意义上的"共性的"城市设计原理"个性化"，结合项目区域特点，落实为具体区域的有指导意义的设计原则。规划师通过编制城市设计大纲引导建筑师、景观设计师的具体设计。尤其是在城市快速发展时期，城市设计工作量大面宽的情况下，编制城市设计大纲一方面能保证项目实施有具体的指引和要求，而且随着领导人员、客观环境等外部条件的变化，原定的项目和实施财力有可能变化，设计大纲的编制则保证了城市形象在此过程中能连续地、累计地得以实现。以美国的经验，城市设计大纲是城市规划部门在控制城市形象上的主要工具（张庭伟，2007）。

5.2.4.2　以严谨的规划过程为基础

美国的规划编制注重过程控制，尤其注重公众参与在规划编制中的作用。《设计导则》最初由历史地标基金会（Historic Landmarks Foundation）提出，经印第安纳波利斯市政府批准进行编制，作为政府实施《区域中心规划 2020》的工具之一，是《区域中心规划 2020》的延续。两者的规划编制组织过程均比较严谨。《区域中心规划 2020》从 2000 年开始编制，2004 年经大都市发展委员会批准，《设计导则》从2005年初开始编制，2006年6月编制完成，2008年6月19日由大都市发展委员会批准，在编制过程中具有如下特点：

1）跨部门合作

《设计导则》由印第安纳波利斯大都市发展部规划分部牵头，组织鲍尔州立大学及印第安纳城市设计监管委员会历史地标协会共同编制。

2）公众宣传

在编制《区域中心规划2020》时，组织者在中心城区核心地段设置了一个公众办公室，提供所有与规划相关的图纸和成果，欢迎公众参观咨询和提供意见。同时，还设立公共网站（http：//www.indyrc2020.org），可查看所有相关图纸、成果及规划过程中的实时动态更新，提供公共讨论、回复、交流沟通的平台，宣传相关的会议时间、议程、内容等系列内容，该网站共有2.8万人访问，并获得2004年度"数字教育成果奖"（2004 Digital Education Achievement Award）。编制《设计导则》时，鲍尔州立大学还增设公共网站（http：//web.bsu.edu/capic/urbandesign/index.asp），实时公布、更新设计导则编制进展和成果，并提供公众参与的平台。

3）专家团队领衔

规划编制的最高领导机构为城市设计监督委员会（Urban Design Oversight Committee），由开发商、房地产专业人士、建筑师、景观设计师、规划师、政府官员、文化界代表，以及其他对中心城区建设环境有影响的人员构成。下设5个子委员会：①教育子委员会（Education Sub-committee），主要职责是指导4个讨论小组（Speaker Workshops），并与其他组织（如ALA、ALSA、IPA等）协调为该区域提供教育机会，主席为来自Lacy Diversified Industries公司的马戈·埃克尔斯（Margot Eccles）。②政策及程序子委员会（Policies and Procedures Sub-committee），与大都市发展部的工作人员一起审核区域中心城市设计是否符合政策和程序，主席为来自Mansur Real Estate Services公司的李（Lee Alig）和来自市议会的杰基·尼茨（Jackie Nytes）。③关键区域城市设计子委员会（Critical Urban Design Sub-committee），在区域中心选取四个具有发展潜力的区域：马萨诸塞大道东北端及科尔诺贝尔商业艺术区，会展中心、体育馆及肯塔基大道廊道，西华盛顿街及"峡谷"社区，生态十字路口研究社区（Bio-Crossroads Research Community）。委员会负责指导该区域的规划，成员也将辅助项目组制定目标、问题，综合从讨论小组中获取的信息并将其转换为城市设计导则，委员会主席是来自美国建筑协会的马克·德梅莱（Mark Demerly）和来自Ninebark公司的埃里克·富尔福德（Eric Fulford）。④关键连接通道子委员会（Critical Connections Sub-committee），为区域内的关键连接通道如公共街道和人行道、I-65和I-70州际高速、白河、铁路、可能的交通廊道、林荫道等制定城市设计导则和政策，主席为印第安纳波利斯公共事务部的洛丽·迈泽（Lori Miser）和来自施耐德公司（Schneider Corporation）的吉娜·蒂林南齐（Gina Tirinnanzi）。⑤稳定区域和/或历史区域城市设计子委员会（Stable and/or Historic Urban Design Areas Sub-committee），主席为来自James T. Kienle & Assoc的吉姆·金勒（Jim Kienle）和来自Van Rooy Properties的约翰·沃森（John Watson）。后三个子委员会负责指导和协助项目组制定具体的设计指引。

4）公众参与

规划过程中有4次主要的公众参与，即4个关键区域的城市设计研讨会。每个关键区域有3个月的时间进行深度调查和分析，开展专家研讨会。每个组都有一个全国知名的城市设计专家论坛和为期两天的城市设计研讨会。参与方式多种多样：一是直接参与论坛；二是现场参与研讨会(Workshop)讨论；三是远程参与，即如不能到现场可通过《设计导则》的公共网页进行参与。项目组在网站上设公众参与通道，相关资料在网站上均可方便下载。例如，在生态社区研究中，项目组选取10个典型地点作为公共讨论的类型，公众可以选择其中的一个或多个参与讨论，参与过程分为 6 步：①下载初步设计资料；②下载场地分布图；③注册；④评审初步设计；⑤讨论并完成场地设计方案（每个场地包括一个平面规划，4 个规划内容，1 张鸟瞰图）；⑥提交成果。四是欢迎参加委员会的讨论会议。所有的相关会议议程、时间、地点均在网站公开，规划编制期间共召开面向公众开放的会议 24 次，并均向所有公众免费开放（图 5-11）。

图 5-11   规划设计与公众参与过程

5.2.4.3   以有针对性的区域类型为导向

印第安纳波利斯区域中设计导则创新地增加了设计导则的适用区域这一项（F）。区域中心是一个复杂的多样化区域，规划根据不同的功能特征，依据上位规划《区域规划 2020》将整个规划范围分为 8 种区域类型（图 5-12、图 5-13）：①城市核心区（Urban Core，简称 UC）；②城市混合发展区（Urban Mixed-Use，简称 UMU）；③交通导向（Transit Oriented，简称 TOD）；④村庄混合利用区（Village Mixed-Use，简称 VMU）；⑤居住区（Neighborhood Residential，简称 NR）；⑥娱乐混合发展区（Entertainment Mixed-Use，简称 EMU）；⑦校园（Campus，简称 C）；⑧设施和工业（Utility and Industrial，简称 UI）。在控制内容中，通过增加这一层次，使得导则的适用性更有针对性，控制也更加清晰明了，便于管理，可直接查找某区域适用的具体条文。

5.2.4.4   控制内容刚性与弹性相结合

导则条文的具体使用规定分规定性和指导性两种类型。规定性导则规定环境要素和体系的基本特征及要求，是下一阶段设计工作应体现的模式和依据，是必须严格遵循的，因而容易掌握和评价。规定性导则往往限定设计采用的具体手段，如建筑高度体量的尺寸、特定的立面色彩与材质等等。这些规定是未来的设计者必须遵守的，如有违反又未得到规划部门的认同，则在方案审批时，规划部门有权否决设计。如图 5-14 在条文 MD2.1.1 中对容积率的要求，明确规定了在高密度混合利用区域容积率需在 4（含）以上；在中等密度的混合利用，容积率需在 2（含）以上等内容，且对于 UC、UMU、TOD、VMU、NR、EMU 六类区域必须强制执行，而对于 C 和 UI 区域不要求执行。

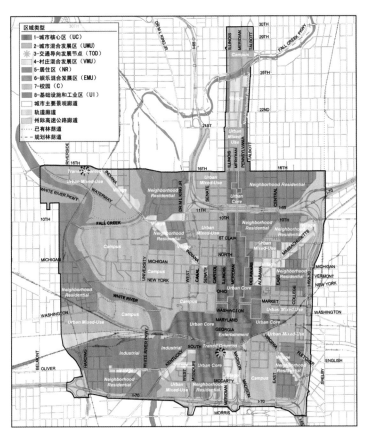

图 5-12　区域类型分布图

资料来源：Department of Metropolitan Development Division of Planning，2008

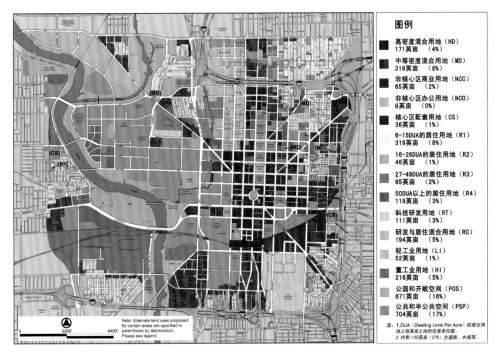

图 5-13　区域中心用地规划图

资料来源：Department of Metropolitan Development Division of Planning，2008

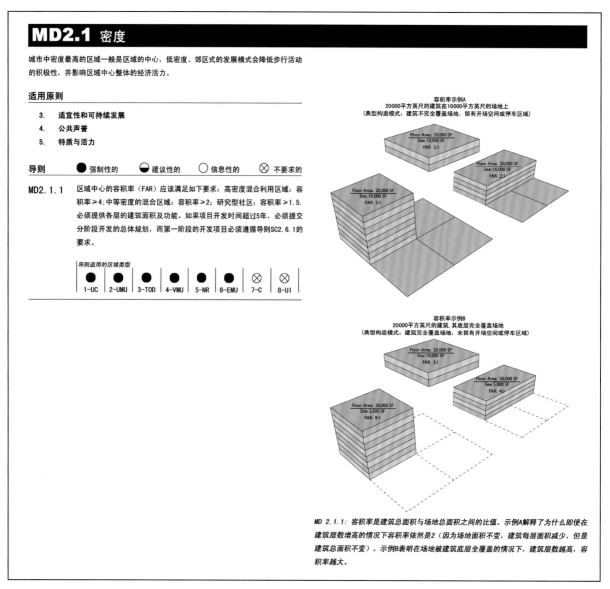

MD2.1 密度

城市中密度最高的区域一般是区域的中心，低密度、郊区式的发展模式会降低步行活动的积极性，并影响区域中心整体的经济活力。

适用原则

3. 适宜性和可持续发展
4. 公共声誉
5. 特质与活力

导则　　●强制性的　　●建议性的　　○信息性的　　⊗不要求的

MD2.1.1　区域中心的容积率（FAR）应该满足如下要求：高密度混合利用区域：容积率≥4；中等密度的混合区域：容积率≥2；研究型社区：容积率≥1.5。必须提供各层的建筑面积及功能。如果项目开发时间超过5年，必须提交分阶段开发的总体规划，而第一阶段的开发项目必须遵循导则SC2.6.1的要求。

导则适用的区域类型

●	●	●	●	●	●	⊗	⊗
1-UC	2-UMU	3-TOD	4-VMU	5-NR	6-EMU	7-C	8-UI

容积率示例A
20000平方英尺的建筑在10000平方英尺的场地上
（典型构造模式；建筑不完全覆盖场地，留有开场空间或停车区域）

Floor Area: 20,000 SF
Site: 10,000 SF
FAR 2:1

容积率示例B
20000平方英尺的建筑，其底层完全覆盖场地
（典型构造模式；建筑完全覆盖场地，未留有开场空间或停车区域）

MD 2.1.1：容积率是建筑总面积与场地总面积之间的比值。示例A解释了为什么即使在建筑层数增高的情况下容积率依然是2（因为场地面积不变，建筑每层面积减少，但是建筑总面积不变）。示例B表明在场地被建筑底层全覆盖的情况下，建筑层数越高，容积率越大。

图 5-14　强制性条文样例

资料来源：Department of Metropolitan Development Division of Planning，2008

　　指导性导则描述的是形体环境的要素和特征，解释说明对设计的要求和意向性建议，并不构成严格的限制和约束，提供的是更加宽松的启发创作思维的环境。遵循这一思路，指导性导则并不限定设计采用的手段，也不以具体数字指标来规定必须遵照的规则，而只提供设计必须达到的特征与效果，并通过"为什么"、"怎样做"的原因与方法鼓励达到设计效果的多种可能途径。如图 5-15 中对 CA2.3 的控制中，分别对模式、规模和材质提出指导性的要求。

　　对于指导性导则而言，其限定设计效果而不制约具体途径的思路，为项目开发提供了合理化的设计范围。这一范围内所暗示的一系列解决方法，不仅不会过多禁锢设计思路，相反还能为设计提供指示与引导，这就是导则二字中"导"的含义所在。当然对于合理化范围内的重要因素，也常常需要借助规定性导则加以强化与制约，体现"规则、法度"的功效，这就是导则二字中"则"的含义所在。

导则　● 强制性的　◐ 建议性的　○ 信息性的　⊗ 不要求的

CA 2.3.1 材质应与使用这些材质的建筑的规模相适宜性，一般来说
不鼓励使用平面的材质。通常剧院、体育场博物馆、健身
房、工厂、设施房等封闭的外墙面均应考虑模式、规模和
材质等要素。

导则适用的区域类型

◐	◐	◐	◐	◐	◐	◐	◐
I-UC	2-UMU	3-TOD	4-VMU	5-NR	6-EMU	7-C	8-UI

CA 2.3.1印第安纳州立博物馆在无
窗的外墙面上使用材质为各种形状
和尺寸的石灰石。

图 5-15　指导性条文样例

资料来源: Department of Metropolitan Development Division of Planning，2008

不可否认，规定性导则明细严苛的管制方式在一定程度上会影响到建筑师的创造发挥。但必须
指出，这种制约的目的不在于抑制设计者的思维，而是要消除那些仅从自身角度出发对整体环境品
质最为不利的结果。美国建筑协会纽约分会曾针对导则维护整体环境品质和制约设计思路的正反两
方面影响进行过专门的讨论，讨论结果支持导则的制定与实施，并要求建筑师在设计中予以接受。
设计人员主动约束自身潜能发挥的事实，从一个侧面反映出美国专业界对导则职能的廓清，即设计
导则是为建设城市环境提供的基本准则而不是最高期望，其目的"不在于保证最好的设计，而在于
保障不使最坏的设计产生"。

5.2.4.5　表达形式力求简洁、清晰、条理

城市设计导则作为一项公共政策，如何使其更具吸引力，并且容易被设计者及公众接受和使用，
也是印第安纳波利斯区域中心城市设计导则非常关注的方面。为避免产生设计导则文件过于专业而
变得深奥难懂、拒人千里之外且缺乏操作性等，印第安纳波利斯区域中心设计导则主要从以下三个
方面来解决这一问题：

1）设计内容清晰明了。设计意图的表达必须要简洁易懂，能让规划控制官员、建筑师和开发商
都能很容易地知道控制的意图，同时避免模糊概念的出现。

2）成果形式直观有效,图文并茂。为了形象地说明设计目标和概念,城市设计导则除语言表述外,
应尽可能使用图示表格和意向设计图进一步说明，以便让读者抓住实质，在头脑中建立具体的形象
和整体的政策框架（图 5-16）。

3）条文归纳总结，便于索引。在导则的附件中，规划编制者清晰地将索引条文进行总结。如图
5-17 所示，左边栏目表示该条文适用的区域类型，右边栏目表示在哪些方面可以使用该条文。

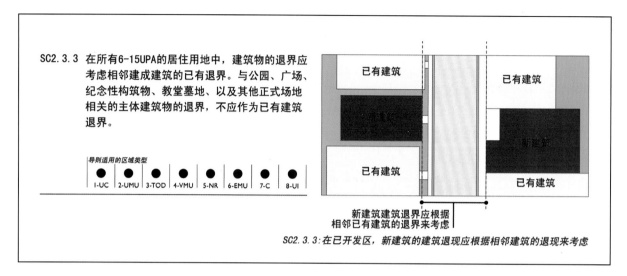

図 5-16　图文并茂的设计导则条文

资料来源：Department of Metropolitan Development Division of Planning，2008

図 5-17　导则适用性索引图

资料来源：Department of Metropolitan Development Division of Planning，2008

5.3 实施流程与效果

5.3.1 管理流程与特点

在发达国家，城市设计在规划实践中成为主要角色经历了很长时间。城市设计作为公共政策这一概念最初是由乔纳森·巴尼特（Jonathan Barnett）在反思他 20 世纪 60 年代后期管理纽约城市更新的经验和启示时，于 1974 年提出来的。到 20 世纪 70 年代，美国已有一些城市广泛运用城市设计作为规划的评审过程，最著名的城市有西海岸的旧金山和波特兰。到 20 世纪 80 年代设计评审（Design Review）的概念已经根植于美国许多城市。但是对于印第安纳波利斯市区域中心来说，目前还缺乏这一过程，《设计导则》的编制则弥补了这一空白。

《区域中心规划 2020》不但确定了区域中心的愿景和发展方向，并为 2008 年 6 月通过审批的《设计导则》和《区划条例》（Regional Center Zoning Ordinance）提供了基础。这些规划共同为区域中心确定了一系列的从政策层面的规划制定，到评估标准的确定，再到项目实施的准则。这些准则将作为在区域中心项目发展申请的审批依据。

在规划范围内，拟建发展区（Proposed Development）的发展诉求被批准一般涉及以下几个对象：大都市发展部规划分部的员工、申请人、听证委员会（处理重大项目的组织）、大都市发展委员会（审批机构）。整个诉求过程，采用层级式结构，分为七个步骤进行控制（图 5-18）。

第一步：员工咨询（Staff Consultation）

员工为大都市发展部规划分部的员工。大都市发展部是政府的城市行政管理部门，下设 6 个分部，分别为：社区发展分部、经济发展分部、历史保护分部、大都市规划组织（MPO）、社区服务分部和规划分部。

大都市发展部规划分部的员工负责区域中心项目申请。在项目设计之初，鼓励申请者向大都市发展部规划分部的员工咨询，为下一步实施方案设计打下基础。

第二步：明确所在区域类型（Determine Applicable District Typologies）

区域中心共有 8 种区域类型，明确拟建发展区申请项目所在的区域类型，有助于明确项目设计所需要满足的具体条文。

第三步：决定诉求类型（Determine Petition Types）

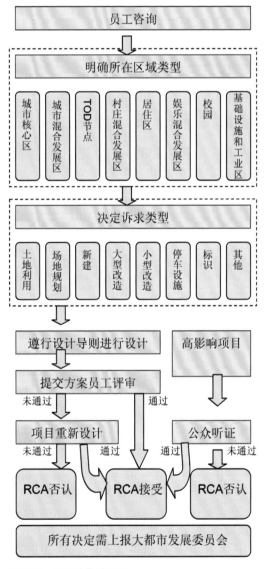

图 5-18 项目审批流程图

资料来源：Department of Metropolitan Development Division of Planning，2008

明确申请项目的类型，包括土地利用、场地规划、新建项目、改建项目、项目规模、停车、标识等。一个拟建发展区包含多个类型是可能的，决定诉求类型有助于识别对某个拟建发展区运用哪种导则。

第四步：遵循设计导则进行设计（Apply the Guidelines to the Proposed Development）

一旦上述步骤完成，就能决定对于拟建发展区采用哪种导则。这个步骤也是最重要的步骤，就是根据使用的设计导则条文指导拟建发展区实施方案的具体设计。

为进一步方便使用，印第安纳波利斯市还专门在政府规划网站（http：//cms.indygov.org/rcdg/）上设置了"设计导则辅助系统"（The Guidelines Assistance）。通过实时查询，即可确定某一区域哪些设计条文与提议的项目最相关。但大都市发展部规划分部保留区域中心发展申请适用的设计导则的决定权。

第五步：提交方案员工评审（Submit Petition for Regional Center Approval）

经过咨询并充分考虑合适的设计指引之后，申请者就可以向区域中心政府提交书面的申请书。对于具有区域影响的重点项目，还需提交区域中心政府特派调查员听证会审查。如果设计方案满足设计导则的要求，则直接转至第七步；如设计方案不能满足所有的相关设计导则条文要求，将继续第六步。

重点项目为：①建设成本在 100 万美元（含）以上的项目；②项目规模在 1 万平方英尺（含）以上的项目；③地面停车场 2 万平方英尺（含）以上的项目；④改变原有场地或者是外观建设成本在 50 万美元（含）以上的项目；⑤对具有历史价值的建筑（根据 U.S.2.2.1 的定义）具有潜在伤害，但是不在印第安纳波利斯历史保护区（Indianapolis Historic Preservation Commission）范围内的项目。

区域中心政府特派调查员是由大都市发展委员会任命，负责组织召开由大都市发展委员会召集的公众听证会。如果项目位于历史保护区内，政府特派调查员也可组织由历史保护委员会召集的公众听证会。一场公众听证会只能任命一位政府特派调查员，但是大都市发展委员会可以任命多个政府特派调查员负责不同的公众听证会。区域中心的政府特派调查员应该是具有城市设计方面的专业知识和经验的政府雇员。区域中心政府特派调查员公众听证会由大都市发展区发展部规划分部制订计划安排，一般安排在大都市发展委员会例会周后的星期四上午 10：00。

第六步：项目重设计（必要的情况下）

根据需要进行实施方案的重新设计或修改。如仍不能满足导则要求，该方案将不会被接受。

第七步：接受或否定申请书

最后所有的结果必须报请大都市发展委员会决定。大都市发展委员会由 9 个任命的成员组成：印第安纳波利斯市长任命 4 人，其中不能多于 2 人是同一政党；市郡议会①任命 3 人，其中不能多于 2 人是同一政党；郡长任命 2 人，且两人必须为不同政党。每年委员会将从 9 人中选举一名主席，1 名副主席和 1 个秘书和 1 个执行秘书。会议由主席负责主持召开，当主席因故缺席由副主席代替，副主席缺席由秘书代替。每个月的第一个和第三个星期三下午 1：00，大都市发展委员会均会举行例会和公众听证会。如果遇到法定节假日，本次例会将会顺延到之后的第一个工作日。

除内部会议外，所有的听证会、大都市发展委员会的例会以及区域中心政府特派调查员公众听证会均向公众开放，申请者、有异议者、有兴趣者皆可参加，与会者均有权发言。

5.3.2   实施效果

5.3.2.1   区域自身

在《区域中心规划 2020》、《设计导则》以及《区划条例》的指导下，印第安纳波利斯区域中心

---

① 印第安纳波利斯市和马里昂郡（Marion County）基本重合。

已完成或正在开展一系列城市改造和更新项目，城市形象得到提升。

一是进行文化中心的西延，带动西部区域的改造。新建了美国大学体育联盟（NCAA）总部（图5-19）和冠军名人堂、印第安纳州立博物馆（图5-20）等文化体育设施，它们带动了周边酒店服务业和商业设施的开发（图5-21）。

图 5-19 NCAA 冠军名人堂

图 5-20 印第安纳州立博物馆

图 5-21　新建酒店服务设施

　　二是进行了中心运河（Central Canal）和州立公园（State Park）的改造，为印第安纳波利斯提供了良好的休闲场所。根据《区域中心规划 2020》中的休闲娱乐目标要求，提升中心运河的吸引力，策划相关的活动。运河区域目前已经成为当地居民活动的重要场所（图 5-22 ～图 5-24）。

图 5-22　中心运河景观（一）

图 5-23 中心运河景观（二）

图 5-24 中心运河景观（三）

三是区域中心的住房建设。《区域中心 2020》预计区域中心人口将由 2003 年的 2 万人增加到 2020 年的 4 万人，区域中心的住房市场需求将保持持续的增长势头，中心运河两岸已经完成大量高质量住房建设，未来 3 年内区域中心还将提供 860 套新建和改建的住宅（图 5-25）。

图 5-25　中心运河两侧新建的住宅

5.3.2.2　外界评价

城市设计导则和相应规划的实施为印第安纳波利斯良好的城市形象奠定了基础，并赢得了很好的口碑。

《福布斯》：印第安纳波利斯是最适宜工作的城市第 6 名（2008 年 1 月）。

《财富》：印第安纳波利斯是最宜居的城市之一（2007 年）。

Kiplinger's Personal Finance（美国著名理财杂志《基普林格个人理财》）：印第安纳波利斯宜居城市第 14 名（2006 年 5 月）。

《福布斯》：印第安纳波利斯是 200 个最大的大都市区中最易创业及职业发展（Business and Careers）第 10 名（2006 年 5 月）。

毕马威（全球知名管理咨询机构）发布的"竞争选择"（KMPG Competitive Alternatives Study）：印第安纳波利斯是大城市中经商成本最低城市第 3 名（2006 年）。

Expansion Management 杂志：印第安纳波利斯是后勤保障 5 星级大都市区（2005 年 9 月）。

Site Selection 杂志：印第安纳是商业投资竞争力第一名（2004 年 5 月）。

Monster.com 网站：印第安纳波利斯是美国 10 个最宜居城市之一。

ESPN.com 网站：印第安纳波利斯是北美职业运动城市第 1 名（2003 年）。

5.4 启 示

20世纪80年代,改革开放与经济繁荣为我国的城市发展带来巨大动力,同时也造成不少城市对汹涌而至的建设高潮准备不足。大量的城市问题纷纷涌现并急需某种理论与方法作为城市快速建设时期的指导,城市设计因此受到规划专业界与建设管理部门的关注,这样的社会背景为城市设计导则的出现与发展提供了良好的历史机遇。

20世纪90年代,我国部分项目开始效仿国外城市设计案例出现导则制定的萌芽,北海"美化工程"实施导则、南京城东干道城市设计导则等皆属我国早期的城市设计导则作品。其后随着国内城市设计实践活动的进一步展开,各地导则编制数量持续上涨。在众多直接指导建设开发的导则中,不少城市进行了有益的探索,也不乏一些高质量的优秀作品,如深圳市城市设计导则编制要求等,它们为项目实施优良结果的获得提供了有效的保障。但从总体水平看,我国城市设计导则目前还普遍存在着研究深度浅,引导针对性弱,管理依据性差等不足。

对我国读者来说,城市设计导则并不仅仅意味着在规划编制中增加条文的弹性描述,更重要的是规划管理和控制思维应由终极蓝图向过程控制转变,建立适合中国国情的公众参与、设计审查、规划实施的综合协调机制。具体说来,对于我国相关的实践,《印第安纳波利斯区域中心设计导则》主要有以下三个方面的启示:

5.4.1 编制为公众服务的规划

从芒福德、达维多夫到弗里德曼,贯穿当代美国规划学术界的基本理念是规划为全社会全体市民的长期利益服务(张庭伟,2007)。"社会性"和"公众性"是规划的基本原则。城市设计作为城市规划的一部分,当然应遵循这一原则。

城市设计的主要产品是城市公共空间,使用这些空间的主体是市民公众,因此在城市设计编制过程中,通过公众参与等手段真正体现公众的意愿就显得尤为重要。在《区域中心规划2020》中,约1000人参与到规划编制中并提出意见和建议,在《设计导则》的编制及实施过程中,公众参与也贯彻到了每一个细节,使得规划能真正满足大多数人的需要。

城市规划作为一项公共政策,涉及政府、开发商、公众三方的利益博弈,美国的城市规划通过公众参与这一过程保证了三方利益的协调。然而,中国的城市设计目前主要是两方的游戏,即政府和开发商,缺乏第三方的调节,忽视了真正的使用对象,即公众(老百姓)的需求,使得规划在实施过程中出现一系列的问题。未来如何使得民众广泛参与到我国城市规划编制过程中,体现以民为本,仍是中国城市规划编制需要进一步考虑的问题。

5.4.2 编制本身——走出编制误区

误区一:重物质形态,轻具体落实

目前国内城市设计的编制已经蔚然成风。城市设计往往成为政绩手段,大量的工夫花在城市形态这个最难把握的地方,而忽略了实施和管理的环节。不论项目大小,周期长短,往往一律要求作具体设计式的城市设计。当设计范围较大时,由于覆盖面积大,这种设计成本往往高。对于设计者而言,由于设计范围过大,设计时间有限,无法仔细推敲具体的设计细节,而虚张声势的分析图、表现图以及雾里看花的理念占据了大量的篇幅。同时由于大范围内各种项目类型复杂,开发周期长,这样由设计者提出的设计图能否真正指导未来的发展建设仍存在诸多疑问。因此,对于这种项目,比较有用的是编制城市设计大纲(城市设计导则),提取创造良好的空间形象和公共空间的关键要素,并将其转换为可供管理实施的条文。

误区二：面面俱到

我国规划界普遍认为，导则的质量与管制的内容数量成正比。因此将从建筑高度、立面划分到绿化植被、噪声污染等几乎所有与建筑设计相关的内容纳入其中。而导则作为长效型城市设计项目实施的主要操作工具，其管制内容的选择不在于涵盖的全面性，而在于针对的有效性——从整体角度对影响设计效果的关键内容作出限定，其他非重点元素则由建筑师自行把握，以减少运作过程中不确定因素的干扰，并促进城市环境在确保整体效果前提下的多样化发展。所以，毫无重点地将所有的设计内容都纳入导则管制范畴会影响城市设计的管制效果，客观上也抑制了建筑设计的创作发挥。美国城市设计没有具体的模式和规范，具体控制内容的选择也是根据项目自身的特点而定，如《设计导则》的控制要素是根据区域中心的特点而选择的。未来我国城市设计项目的编制应充分考虑其针对性，以更好地指导城市建设。

误区三：设计导则的张与弛，疏与紧还未完全达成共识

过多采用引导性管制的形式，抽象原则表述多，绩效标准描述少，"一致"、"协调"的用词随处可见。此外，绩效标准也不能仅仅理解为"协调"、"一致"的通用词汇，而应尽可能落实到相对具体的内容与层次，例如明确色彩上的协调还是位置上的协调等等，否则仅凭抽象空泛的"协调"一词，建筑师可以作出多种理解，审查人员也缺乏起码的裁决依据。《设计导则》的编制一方面通过将区域中心按照功能及特点重新细分为八种类型，使得导则在使用过程中更有针对性；另一方面，在设计条文的编制过程中，采取对于对城市空间形态和功能组织影响较大的指标，如容积率、廊道的具体设计时速和宽度等进行量化的控制，而对于建筑的材质、组织模式等指导性内容也给出具体的参考类型，以利于设计人员在设计过程中进行参考，也便于规划管理人员的管理操作。

5.4.3　实施机制——强化法律地位

《设计导则》通过明确项目评审的流程，保障了城市设计导则实施的法定地位，使其能真正指导项目建设。然而，美国与中国的规划管理体系具有较大的差别。我国城市设计在新的《城乡规划法》中仍不具有明确法律效力，自然不能直接实施，必须通过间接的手法（如转化为具有法律效力的控制性详细规划）才能实施。但是现实操作过程中，由于编制成果的参差不齐，城市设计转化的过程中缺乏制度化的方式和方法，容易产生偏差和变化，难以有效控制和引导具体开发建设，导致其实施运作效果普遍不理想。

目前，我国主要采取以控制性详细规划为指导，以"一书两证"为核心的规划管理体系。如何在规划编制上，将城市设计与控制性详细规划既相互联系又各有侧重，尤其是通过"建设用地规划许可证"进行城市设计指标的落实，还需要进一步探讨和研究。

深圳市在我国城市设计的编制及管理探索中一直处于领先的地位，例如 1998 年就借助经济特区特别立法权，通过《深圳市城市规划条例》使城市设计获得了法律地位。但是从实施效果看，该条例仍过于原则化，仍然缺乏可操作的实施运作细则，为进一步促进城市设计的有效实施，尤其是城市设计在一书两证的规划管理体系中，如何转化为《建设用地规划许可证》规划设计要求，深圳也进行了一系列的探索，并提出了契约模式、转译模式、直译模式、附件模式、指引模式、通则模式、激励模式等多种方式，也值得我国其他城市学习和借鉴。

在未来的城市设计实施过程中，如何吸取我国部分城市的经验和教训，借鉴国外管理的流程和方法，探索适宜中国国情的规划编制及管理体系，还有待进一步研究和论证。

本章参考文献

[1]Building a world-class down-indianapolis regional center plan 2020[EB/OL]. http：//web.bsu.edu/capic/rcp2020/index.asp，2010.

[2]City of Indianapolis Department of Metropolitan Development Division of Planning. Indianapolis regional center design guidelines. [R]. 2008 .

[3]City of Indianapolis Indianapolis Department of Metropolitan Development Division of Planning. Indianapolis regional center plan 2020. [R].2004.

[4]Lang Jon. Urban design：The american experience Wiley[M].New York：Wiley，1994.

[5]Metropolitan Development Organization & Storrow Kinsella Associates Inc. Indianapolis regional center& metropolitan planning area muti-modal corridor and public space design guidelines [R]. 2008.

[6]Punter John. Developing urban design as public policy：Best practice principles for design review and development management[J]. Journal of Urban Design 2007，12（2）：167-202.

[7]Punter John. Design guidelines in american cities[M].Liverpool：Liverpool University Press，1999.

[8]Stromberg Meghan. Indianapolis regional center guidelines[J]. Indiana Planning，2010（4）.

[9] 张庭伟 . 城市高速发展中的城市设计问题 [M]// 中美城市建设和规划比较研究 . 北京：中国建筑工业出版社，2007：100-107.

[10] 金广君 . 美国城市设计导则介述 [J]. 国外城市规划 2001（2）：6-9.

第6章 加拿大伯纳比市大学城绿色社区规划

获得奖项：绿色社区创新奖 [①]
获奖时间：2008 年

　　尽管美国规划协会曾颁发过关于社区重建、社区绿色交通规划、社区公共参与等方面的奖项，但是伯纳比市大学城社区获得的却是首次关于绿色社区规划方面的奖项。美国规划协会评价该项目的三个方面创新是其获奖的重要原因：

　　其一，将人行道和自行车道路的规划作为社区规划的重要部分。为降低交通带来的能源消耗、环境污染等问题，提倡公共交通、自行车的利用成为可持续发展的重要方面。

　　其二，利用可渗透路面与雨水收集系统的结合，回收了大约 97% 的地表径流是获奖的原因之一。由于大学城社区位于伯纳比山顶，属于自然保护区范围，距离城市较远，在考虑保护生态环境，防止水土流失，并且减少市政工程设施投资等因素的基础上，回收地表径流并加以综合利用成为该规划的重要方面。

　　第三，对于新能源的利用。西蒙弗雷泽大学的社区信托公司将太阳能热水以及 20 个约 300 英尺深的地源热泵引入到公寓住宅建设中也是获奖的原因之一。由于伯纳比市全年平均最低气温约为 6.3℃，采暖成为日常能源消耗的主要方面，而采用地热这一可再生能源将减少化石能源消耗，体现节能减排的生态理念。

　　基于上述三方面原因，美国规划协会授予该创新型绿色社区规划以 2008 年度 "绿色社区创新奖"（National Planning Excellence Award for Innovation in Green Community Planning）。我们认为，美国规划协会官方提出的授奖原因都是关乎该规划已经实施的方面，其背后真正的原因不仅在于该规划富于创新性地提出了绿色社区发展的规划方案，更重要地在于其规划方案能够在一个卓有远见的管理机构和一套在法定规划体系下的建设规划导则体系的指导下，得以顺利实施。

6.1　项目背景

6.1.1　社区概况

　　伯纳比市（Burnaby）位于加拿大西部的不列颠哥伦比亚省，温哥华市的东侧，是不列颠哥伦比亚省第三大城市，属于温哥华大都市区的重要城市，并且是大温哥华区域局行政总部的所在地。该市 2006 年总人口为 202799 人，总面积为 98.60km²。大学城社区（UniverCity）位于伯纳比市的伯纳比山顶，是西蒙弗雷泽大学（Simon Fraser University，简称 SFU）的一个集教育和居住为一体的小型社区，位于伯纳比市中心以北约 3km，距离温哥华市约 10km（图 6-1）。

　　SFU 是加拿大著名的教育研究机构之一，在加拿大的综合性大学排名中位列前三，全校共设 8

---

① 美国规划协会最佳规划奖每年的奖项设置会根据当年的热点问题略有不同，绿色社区创新奖为 2008 年所设的奖项。

个学院，其中伯纳比分校在微生物学、生物医学、能源发展等方面有较强优势。建校之初，SFU 就提出了可持续发展的四大基石——环境、公平、经济和教育，在此基础上大学城社区规划通过集约发展、混合利用以及 TOD 模式引导学校和社区的发展。

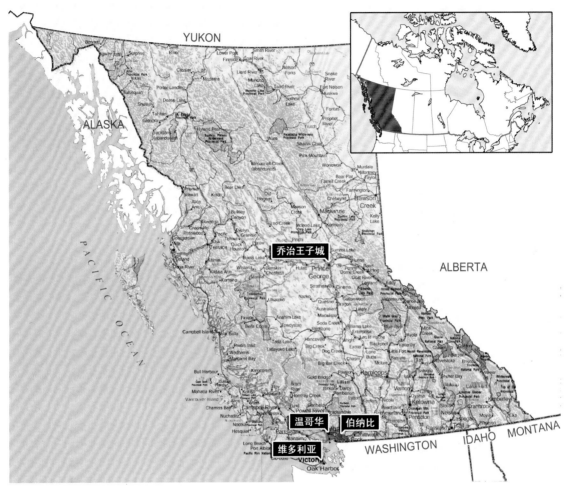

图 6-1 大学城社区区位图

1963 年，阿瑟·埃里克森（Arthur Erickson）和杰夫·马西（Geoff Massey）提交了首轮规划，为 SFU 的建设奠定了基础。为了完善作为山顶校园的整体功能和发展愿景，他们在伯纳比山顶，大学园区的东侧规划了与大学主体建筑遥相呼应的高密度居住社区。在实施首轮规划之前，又经过 30 年的努力，SFU 通过土地置换，将原属 SFU 的 320hm² 土地（约为伯纳比山保护区面积的两倍）交给市政府。作为回报，1996 年政府通过了一项社区发展规划，同意 SFU 在伯纳比山上进行居住区的开发，该项目最终被命名为大学城社区（UniverCity）。社区主要包括了教学、研究、学生公寓、教师公寓以及居民社区、商业服务等多项功能。

1996 年，按照官方的社区发展计划，计划在 SFU 周边 65 hm² 土地上发展一个高密度、混合使用的社区。在 SFU 校园的东南侧内规划 2 个住宅区，最多容纳 4536 套住宅，每个住宅区拥有自己的小学和居住区级公园。同时该社区发展计划还提出了关于商业街、社区服务设施以及人行和自行车道路系统建设的要求。

根据规划，大学城社区将由当初的约 3000 名居民，再增加约 10000 名居民，居民总数达到

13000 名。经过十余年的发展，目前大学社区的居民总数已近 10000 名，整个社区规划已初步完成，目前进行的是可持续发展模型的实施以及社区"绿色"化的建设。

6.1.2　社区发展理念的形成

6.1.2.1　城市发展理念

随着二战后进入大发展期，加拿大工业化和城市化的步伐加快，确定了以制造业、采矿业及服务业等行业为主的产业发展方向，形成了由农业国向工业国的转变。但是随着经济的发展，加拿大人越来越认识到环境与经济的辩证关系。公众意见调查表明：加拿大人非常关注环境问题，而且大多数人相信强劲增长的经济与清洁的环境密不可分。大多数公众将环境保护的大部分责任归于个人，现在个人生活方式的改变越来越被认为是解决环境问题的关键。

加拿大早在 1986 年就建立了全国环境与经济特别行动组，共同商讨环境与发展问题，并且在其 1987 年的报告中，推荐了一系列使加拿大更接近可持续发展目标的行动计划。1990 年通过"环境与经济圆桌会议"的讨论形式，征求联邦各方意见后，政府通过了称之为"绿色计划"的联邦法案。主要对资源保护、可持续资源发展、生态保护、北极圈生态环境保护、全球环境安全合作、可持续决策、可持续战略评估、环境事故预报及预防等八个方面进行了规定和展望。

在 1996 年制定的总体规划中，伯纳比市就确定了以绿色发展为导向的发展策略，其中重点对宜居区域发展战略、自行车及公共交通战略、绿地系统保护战略等制定了具体的发展规划。近年来，伯纳比成为温哥华大都市区中迅速发展的城市，伯纳比市已经从郊区小城镇转变为大都市区郊区的主要城市，城市功能也更加完善，形成集高密度住宅区、商业中心、高技术产业区和大专院校于一体的综合城市发展区（图 6-2）。

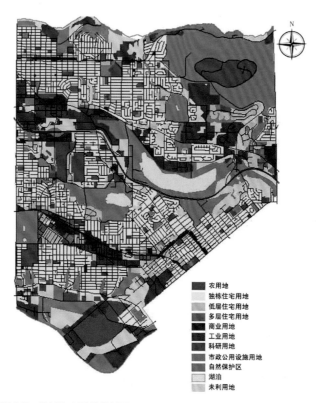

图 6-2　伯纳比市用地规划图

资料来源：www.city.burnaby.bc.ca

6.1.2.2 社区发展理念

SFU 在英属哥伦比亚省有三处校址，其中伯纳比分校就在伯纳比山顶，处于与城市相对分离的区域。最初建校只有教学设施，但是随着学校的发展，SFU 决定在校园教学区的东侧建设社区，并提供商业服务。在由 SFU 推动下形成的社区基金会提出了修改区划的申请，并获得批准，成为形成大学城社区的雏形。在社区发展理念的形成过程中，大学城社区的基金会扮演着重要的角色，它不仅代表了社区居民的意见，同时也体现了 SFU 的意愿，这就为社区与学校共同发展提供了一个平台，使整个区域协调发展成为可能。

由于伯纳比分校与市区相隔较远，最初的理念是将该社区建成为 SFU 伯纳比分校服务的社区，主要为在校学生、教师和工作人员提供居住和生活服务。最初的自行车和步行系统的建设为社区的绿色交通系统打下了基础，同时高密度的公寓是为了满足学生和教师的居住需求，这也为高密度混合利用理念的形成奠定了基础。

随着社区的第一期建成使用后，由于良好的自然环境和公共设施服务（学校、图书馆、体育设施等），大批中产阶级和退休高知人员到此定居。于是社区基金会由学校组织逐渐向社区组织转变，并提出打造一个低碳绿色社区的发展理念，而这一理念逐渐成为大学和社区共同的目标。

6.2　规划内容

6.2.1　社区组织的构成

6.2.1.1　发展愿景

依据大学城社区的设想，在未来 25 年，该社区将新增约 10000 ~ 13000 名居民，新的学校、公园、住宅、基础设施、交通设施、商业、办公、会议、文化等设施将在此建成（图 6-3）。

图 6-3　大学城规划示意图
资料来源：www.univercity.ca

6.2.1.2   组织构架

为了有效地实施绿色社区的发展理念和规划目标，SFU 和大学城社区联合组成了大学城社区基金会这一承上启下的管理机构（图 6-4）。

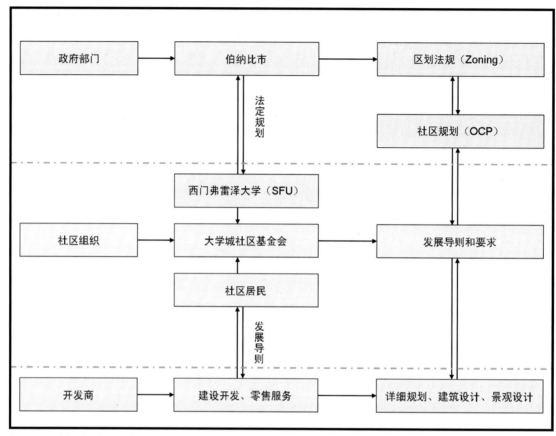

图 6-4   大学城社区组织及规划管理结构图

该社区的土地所有权归 SFU 所有，大学将通过租赁的方式把土地使用权租给开发商使用 99 年，而开发商必须预支这 99 年的租金。这些打包土地由基金会管理，要求开发商按照规划建设成商业设施、租赁房屋、混合使用型设施、低收入房屋等功能区，并且通过设计导则和区划法规等方式来进行控制。同时，建立步行友好型的交通系统，方便居民在大学城社区的生活、工作和游憩。新的交通系统的建立还将解决居民与城市交通的衔接问题。在大学城社区的居民将由学生、教师、学者、工作人员、商务人士、退休人员以及其他愿意在此居住的人员等构成，这部分居民与在主城区生活的人是不完全一样的。

6.2.2   社区总体规划

大学城社区初步规划方案由伯纳比市官方社区规划组织（Official Community Plan，简称 OCP），并于 1996 年 9 月编制完成。通过 SFU 与社区基金会的推动，OCP 于 2002 年 3 月审批通过修改后的最终规划方案，并对该区的区划文件进行了相应的修改。

该规划方案对发展中的五个原则进行了界定：生态敏感区范围的界定、用地功能的确定、混合利用及商业服务设施的界定、高密度与环境协调的发展模式的界定，以及预留弹性发展需求的界定。依循上述的原则，制定相应的规划内容，包括土地利用规划、环境保护规划、服务设施规划和管理规定四个方面。

6.2.2.1 土地利用规划

社区土地所有权属于 SFU，同时社区基金会由 SFU 和社区联合管理，这就使得社区和学校拥有共同发展的目标。但由于土地资源有限，而社区和学校都需要发展，社区基金会必定会在社区和大学这两者中不断地寻找平衡，以寻求共同发展。因此与其他社区规划相比，在制定社区规划时弹性更大。在满足区划法规关于人口规模、住宅配套和绿地规模等规定的条件下，规划并不确定具体地块的使用方式和性质，这一政策使得社区基金会在未来有机会将更具市场潜力的地块发展成住宅或商业用地，最大限度地发掘社区的土地价值。

土地利用规划将大学城社区划分为 6 个区域（图 6-5）：

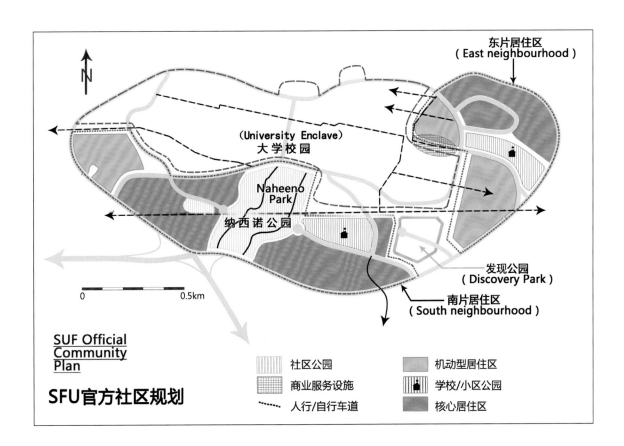

图 6-5　大学城社区规划结构图

资料来源：Official Community Plan，2002

1）大学区（University Enclave）

大学区总面积为 81hm²，包括现状的大学教学和办公设施。这个区域在未来发展中将只被用作大学的发展，并计划由现状的建筑面积 22.5 万 m² 拓展到未来的 51.1 万 m²。全日制学生将由现在的 15000 人发展到 25000 人。居住区由现状的容纳 14000 人增至未来可容纳居民 56000 人。也就是说在大学区的范围内除了容纳在校全日制学生的居住要求，也可以对由社区开发潜力的地块进行社区居住的住宅开发。

2）探索公园（Discovery Park）

探索公园位于场地的南侧，这是按照区划法规的要求对现状公园的保留，总面积为 5.3hm²，在这一片区是不能进行居住区的开发的，这也是与伯纳比市总体规划相一致的。

3）纳西诺公园（Naheeno Park）

纳西诺公园位于大学区南侧，总面积为 12hm²，主要是由森林和自然冲沟构成，纳西诺公园作为重要的生态区域，将被作为一个未开发的自然公园进行保护。在公园内主要是对溪流的河道进行工程改造，防止水土流失，同时建设步行小径，包括跨越溪流的桥梁等设施，公园内不建设车行道。

4）居住区（Residential Neighborhoods）

居住区分为东、南两个片区，总面积为 65hm²（图 6-6、表 6-1、表 6-2），共可建设 4536 套住宅。居住区分为核心区（Core Area）和机动区（Swing Area）。其中核心区是指在该住区内现有不少于 1000 套住宅以形成良好的居住氛围，并以一所学校和公园作为核心区的中心。在核心区的周边布置机动区，这一区域可以进行住宅开发，也可以根据大学发展的需要进行教学设施的建设。

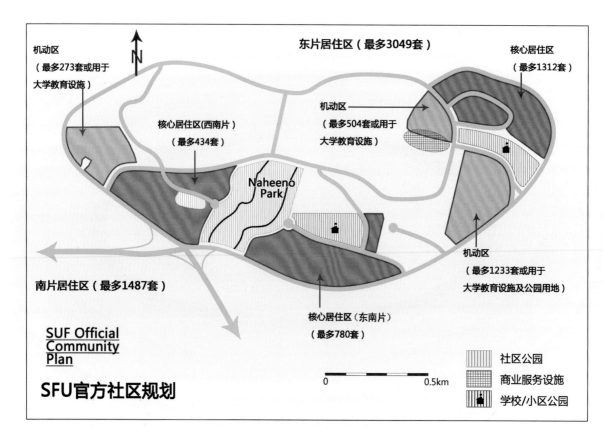

图 6-6 居住区规划图

资料来源：Official Community Plan，2002

南片居住区指标表　　　　　　　　　　　　表6-1

住宅开发用地面积（Estimated Residential Development Site Area）	
核心区（Core Area）	16.2 hm²
机动区（Swing Area）	3.6 hm²
合计	19.8 hm²

容积率（Floor Area Ratio）	
有地下停车设施区域	0.7~0.9
地面停车区域	≤0.45

最大单位面积套数（Maximum Unit Density）	
有地下停车设施区域	75套/ hm²
地面停车区域	30套/ hm²

最大建筑高度（Maximum Building Height）
4层（16.5m）

最大覆盖率（Maximum Lot Coverage）
0.30

最大容纳套数（Maximum Unit Count）	
核心区（Core Area）	1214
机动区（Swing Area）	273
总计	1487

东片居住区指标表　　　　　　　　　　　　表6-2

住宅开发用地面积（Estimated Residential Development Site Area）	
核心区（Core Area）	8.7 hm²
机动区（Swing Area）	11.6 hm²
合计	20.3 hm²

容积率（Floor Area Ratio）	
有地下停车设施区域	1.1~1.7
地面停车区域	≤0.45

最大单位面积套数（Maximum Unit Density）	
有地下停车设施区域	150套/ hm²

续表

最大单位面积套数（Maximum Unit Density）	
地面停车区域	30套/ hm²
最大建筑高度（Maximum Building Height）	
10层（33.5m）	
最大覆盖率（Maximum Lot Coverage）	
0.35	
最大容纳套数（Maximum Unit Count）	
核心区（Core Area）	1312
机动区（Swing Area）	1737
总计	3049

资料来源：Official Community Plan，2002

5）学校

在规划居住区中的核心区周边分别布置2所学校（中小学），总面积为2.8 hm²，在开发商整体开发之前进行建设，并在建成后无偿交由校董会管理。在建设学校之前将进行规模预测，合理确定学校规模，在满足学校规模后多余的土地将被作为社区公园建设。

6）社区设施

社区规划在每个居住单元设立一个幼儿园，每个幼儿园占地规模相当于40座住宅的面积，并最多可容纳60名儿童。

大学城社区由SFU和社区共建，SFU将提供大学的公共资源（如图书馆、体育场、健身房等设施）供社区居民使用，同时SFU负责为社区公园提供康乐设施和管理运营。

7）商业服务设施

商业服务设施布置在东片居住区的核心区南侧，主要为大学和社区进行服务，总规划建筑面积约为1～2万 m²。商业服务包括零售、个人服务以及办公服务等，为了提高混合使用效率，还在该商业区提供学生事务服务、教学办公以及市场等服务设施。

商业区的建设模式主要以步行街的形式，车行与步行有效分离。商业区采用高密度开发，容积率按照区划法规的要求最大可达到1.7，相邻居住社区采用混合利用的开发模式，其容积率也按照建设导则的要求进行提高。

6.2.2.2　环境保护规划

伯纳比山现有的自然环境包括地形、河道、森林和野生动物栖息地等自然生态资源。环境保护规划通过对水资源和森林的详细调查，运用场地规划和开发设计等手段，对区域内的生态敏感区进行保护。

1）水环境保护

水环境的保护主要是依照渔业和海洋部门以及环境部门的文件要求进行，对项目的选址、场地设计和建设进行流程型管理，防止灾害和污染的产生。加强对暴雨强度预测以及雨水排放管理，对现有水道进行保护，并对部分地区进行维修和加固。

2）森林和野生动物栖息地保护

虽然土地是发展的基础，但是规划将保护森林及野生动物栖息地作为重点保护区域，并将纳入场地规划中，使得保护森林的工作在早期阶段介入。初步规划的审批申请中应包括对于保护措施的具体承诺，重要的树木或绿树浓荫地区予以保存，并将开发的部分运用到森林保护工作中来。此外还提出在景观规划中应使用本土植被，保护本地野生动物的生存环境，保证生态链的本土化。

6.2.2.3　服务设施规划

服务设施主要包括道路、基础设施和 IT 网络的建设。服务设施的建设费用由开发商承担，由大学城社区基金会进行管理和审核。当 99 年的租约期满之后，由 SFU 进行收回和管理，届时相关费用将由学校和社区共同承担。

1）交通系统

车行道路将与现状 SFU 的道路进行有机联系，并结合地形进行设计，道路系统将通过外围环状主干道进行串联（图 6-7）。

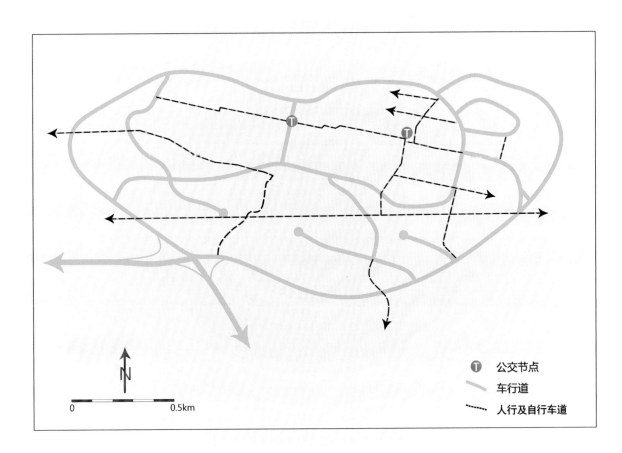

图 6-7　交通系统规划图

资料来源：Official Community Plan，2002

　　步行和自行车将成为环路范围内的主要交通方式。人行道和自行车道的建设包括：结合车行道设置自行车道，在地形不适宜与车行道结合布置的区域设置专用自行车道，设置步行街和公园内的人行小径等。此外，还将建设公共交通站点、换乘系统、停车场及自行车停车系统。

2）供水系统

大学城社区的水源主要由城市市政供水，环线内采用水塔储水的方式进行供水，环线外采用市政标准供水。为了保证供水的有效性，对社区进行细分，针对片区内居民的数量和作息特点进行热水供应。

3）污水收集系统

通过对地块细分的方式，分片区收集污水的详细信息以设计污水管网，再经过集中收集后排入城市污水处理系统。

4）雨水收集系统

雨水管理规划的目的主要是为了满足社区发展规模的要求，同时严格保护现状两条溪流的水量和水质，维持溪流现状水文模式和水质以确保下游生活和环境不受影响。受到开发的影响，地表径流的变化将导致现状水流量、速度和质量的变化，通过雨水回收利用和降低径流系数等方法进行调节可以有效达到目的。

6.2.3 绿色社区发展导则及要求

按照大学城社区基金会的操作模式，在完成法定区划的修改，制定官方社区规划等法定层面规划之后，为了便于指导开发商开展具体项目的设计和施工管理，由基金会委托专业设计机构编制了便于管理和操作的绿色社区发展导则。然而，由于该导则不属于法定规划的范畴，所以管理主体由社区的基金会担任，受管理的除了开发商进行的商业开发，也包括SFU进行的大学设施开发，这就使社区能在统一平台上进行管理，体现了社区居民和大学的共同发展愿景。该导则的编制和审批由社区基金会组织，在公众听证的基础上由全体居民投票通过，最大限度实现了公众参与，保证了各方利益。

6.2.3.1 主要内容

由于在社区总体规划阶段已经对于土地利用和道路规划提出了具体设想，因此在导则阶段更多地是对于地块的详细设计、景观规划、建筑设计以及标识系统的设计进行详细控制，主要包括发展导则和发展要求两大方面的内容（图6-8）。

发展导则主要包括四个方面：

1）对于可持续发展社区准则，提出一个发展的框架。

2）设计导则利用通则形式指导并适用于所有地块的发展。涉及土地利用、建筑形式、建筑建造过程和宜居性等方面。

3）景观导则在景观特色方面为开放空间、私人户外空间、景观设计元素和可持续发展设计提供适当的建议。

4）标识系统导则对住宅和混合使用区提出适当的建议。

发展要求主要包括四个方面：

1）绿色建筑的建设要求中明确了强制条件（如地源热泵技术的应用），并将这些强制条件作为区划中的法规要求以便于信托管理委员会的管理。

2）作为对绿色建筑的奖励，允许绿色建筑根据需要提高10%的容积率，这也是社区委员会允许的。

3）景观要求列出具体的规范标准，以确保采用适当的原生景观及耐旱植被适应伯纳比山的环境。

4）对于暴雨的管理需要提高地块内部渗水能力和储存雨水能力。

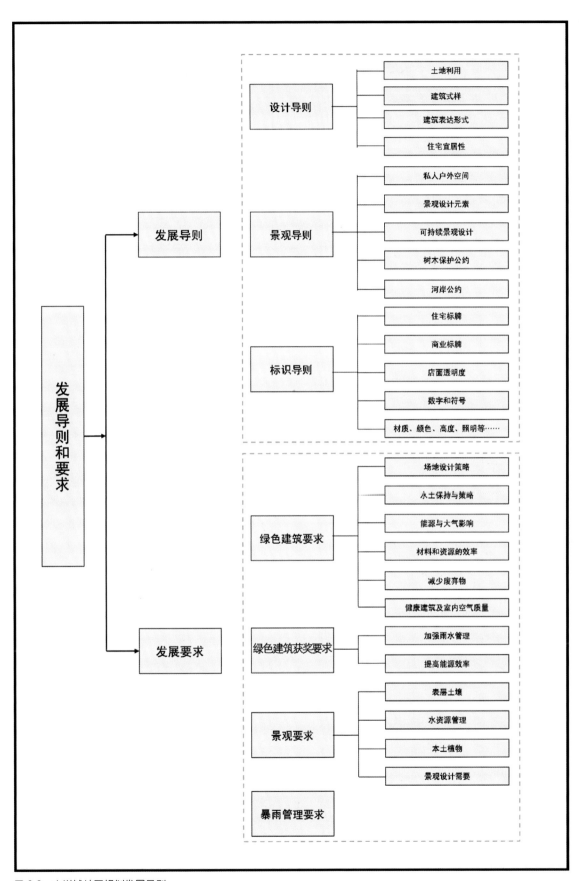

图 6-8 大学城社区规划发展导则

6.2.3.2 主要特征

大学城社区绿色社区发展导则和要求主要有以下特征：

1）土地混合利用模式

为了保证社区的活力和多样性，导则规定增强用地的混合利用和单体建筑的混合使用，使得有机会将零售、办公、餐饮和教学设施纳入到原本单一的居住区内，从而提高社区活力（图6-9）。同时，根据社区特征，在区划法规和社区总体规划的基础上提出了教师和学生的租住房屋占总开发量的比重不低于50%的硬性要求。

2）建筑形式的多样性

场地特征的多样性决定了建筑形式的多样性。由于大学城社区位于伯纳比山顶，地形的坡度较大，因此在发展导则中对于建筑形式和材料使用都进行了详细的规定（图6-10～图6-12）。在建筑形式的规定中，要求使用退台式建筑形式，达到建筑与地形的协调。同时，对沿街建筑高度和退让距离、沿街商业建筑的体量要求等方面也作出了具体要求。

3）公共交通、自行车和步行道

在大学城社区内自行车和步行的出行比例较高，需要对自行车道、步行道以及公共交通设施的建设进行特殊要求（图6-13）。结合社区规划，设置了自行车专用道路，在公共设施（如：大学教育设施、商业设施、公寓）外设置专用自行车停车位。步行道的设计要求结合山地特征合理布局，并对不同功能的步行道（如：人流集散型步行道、游览观赏型步行道、锻炼健康型道路等）提出了道路断面、建筑材料等方面的要求。

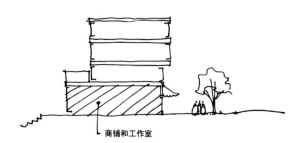

商业与住宅的混合使用示意图

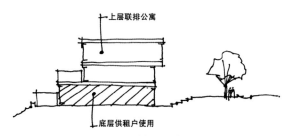

可负担得起的租住房与联排公寓的混合使用示意图

商业与居住的混合利用

步行商业街

图6-9　土地混合利用模式示意图

资料来源：Official Community Plan，2006

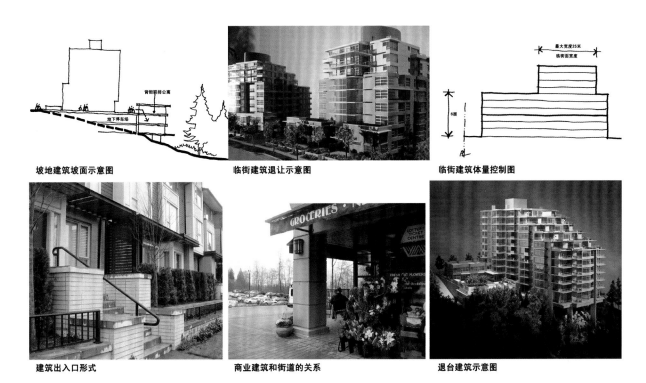

图 6-10 建筑形式要求示意图
资料来源：Official Community Plan，2006

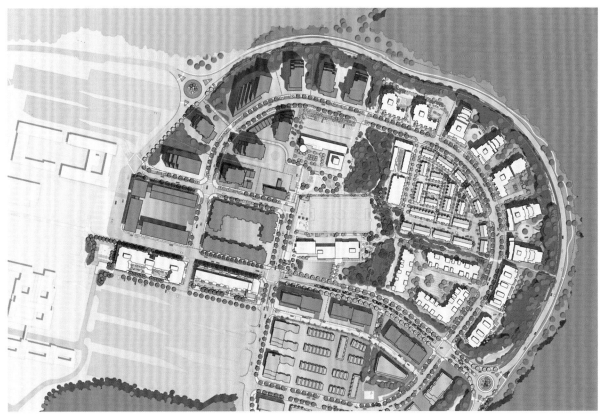

图 6-11 大学城社区第三期规划总平面
资料来源：Official Community Plan，2006

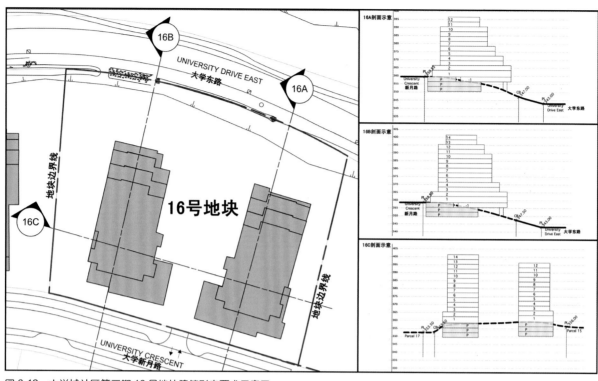

图 6-12　大学城社区第三期 16 号地块建筑形态要求示意图

资料来源：Official Community Plan，2006

图 6-13　绿色交通形式示意图

资料来源：Official Community Plan，2006

4）强调对于暴雨管理的要求

导则中对于暴雨管理提出了整体战略和具体设计指标的要求。导则中提出当降雨量在 35mm 以下时采用回用、渗透的方式进行处理，当降雨量大于 35mm 时，通过存储和释放的方式对降雨进行控制（图 6-14）。为达到这一战略设想，在导则中对于路面材料的渗水率、雨水收集设施设计标准、储水设施建设标准等方面进行了具体要求。

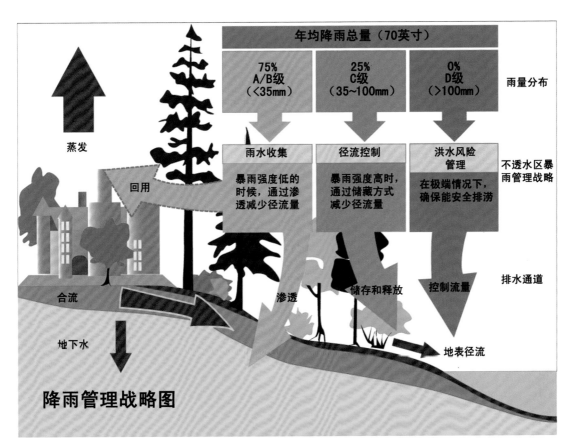

图 6-14　降雨管理战略示意图
资料来源：Official Community Plan, 2006

5）将绿色建筑的要求引入到导则控制

为了鼓励绿色建筑的建造，导则中明确提出对于通过 LEED（Leadership in Energy & Environmental Design）认证或者被基金会认可的绿色建筑都将获得大学城社区基金的对于地块容积率提高 10% 的奖励，同时可享受加拿大政府对于绿色建筑的相关资金支持。要获得社区基金会的奖励必须从以下六个方面通过认证（图 6-15）：

（1）场地设计策略：主要意图是减少环境的负面影响，保护本土植被和自然景观。

（2）水资源节约和使用效率：减少饮用水的消费。

（3）能源利用和大气影响：减少非再生的化石燃料资源使用和减少温室气体排放的影响。

（4）建筑材料有效利用：为减少在施工过程中消耗的天然资源量。

（5）减少废弃物的产生：减少在建设过程中产生的建筑垃圾。

（6）室内空气质量和健康住宅：通过减少潜在的有害污染物，材料的选择和提供足够的通风来建造可以改善室内空气品质的家园。

地源热泵

节水设施

垃圾分类

建筑垃圾分类收集

室内空气质量控制

施工科学管理

图 6-15　绿色战略示意图

资料来源：Official Community Plan，2006

6.3　实施评价

6.3.1　绿色社区理念的贯彻

正确的理念影响了战略的制定，符合理念的战略为政策的制定夯实了基础，体现战略思想的政策直接影响到项目的实施和人们的生活。大学城社区制定的可持续发展的绿色社区理念成为一种精神，影响着管理机构、开发商和社区居民，这一理念贯穿了人们的设计思维、建造工艺以及人们的生活方式。在伯纳比山顶的这片社区，随处都可以感受到人们对于可持续发展的理解，这是大学城社区居民对待生活的方式，也成为他们的精神。

6.3.2　紧凑的空间组织形式

社区的空间特征体现了居民生活的模式，在大学城社区这一点体现得更加突出。不同于伯纳比市的其他区域，该社区的人口构成中年龄在 18 ～ 28 岁的年轻人占到了约 35%，大部分为在校学生和教师，这部分人群的生活方式和收入决定了社区的空间方式，这就为社区的空间构成以混合使用和高密度提供了可能。社区规划的相关数据显示，新建居住区的平均容积率为 1.1 ～ 1.7，这一数据相比伯纳比市其他社区 0.4 的平均容积率高出 3 ～ 4 倍。空间组织大部分是以底层有零售、手工艺品、画廊、书店等商业服务设施，上层为居住这种混合使用模式为主。

6.3.3　步行友好型的慢行交通系统

产生城市碳足迹的五大问题是交通、食物和水、垃圾、建筑、能源，其中交通是一项重要问题。人类每天消耗接近八千万桶石油，其中约 26% 用于交通。汽车的使用不仅依赖化石能源的消耗，同时还排放着大量的温室气体，据统计，汽车碳排放量约占总排放量的 30% 以上。鼓励公共交通、自行车和步行交通等绿色交通出行方式成为减少碳排放的重要手段。在大学城社区，实现绿色出行有很多的便利条件。其一，在校学生和教师较多，日常出行范围大多在 SFU 范围内，出行距离较短；其二，规划了步行道、专用自行车道和停车设施，一方面减少了汽车对步行者的威胁，另一方面为自行车的使用提供了便利；其三，运用鼓励健康出行的政策，如出售打折交通卡，以及推行拼车制度等。通过政策和经济的杠杆使得社区居民能有效利用公共交通和自行车，使得绿色出行不再成为口号。根据社区基金会的统计，目前采用步行和自行车进行日常出行的比率达到了 50% 以上，绿色出行成为大学城社区居民的生活方式之一。

6.3.4　高效的新能源利用系统

由于伯纳比市全年平均低温值在 6.3℃，全年采暖季约 4 个月以上，采暖和空调的使用占社区能源总消耗的 60% ～ 70%。虽然社区极力推广太阳能的使用，但是太阳能高昂的使用成本、不稳定、效率低等缺点不适合为建筑提供采暖能源供应。社区在 2003 年推行了地源热泵技术，利用地热为建筑采暖。按照社区管理规定和发展导则的要求，新建建筑必须使用该技术。经过几年的使用，高层建筑的建筑能耗降低了约 30%，2 ～ 3 层的联排公寓的建筑能耗降低了约 17%。可再生能源的利用已经成为社区居民的共识。

6.4　启　示

"低碳城市"、"低碳经济"成为共识，全国 28 个省政府工作报告的展望部分中提出了"低碳"字眼，近 200 个城市提出要打造低碳城市。在"低碳"浪潮席卷世界风靡我国之时，结合我国实际情况，借鉴成功经验，将绿色社区建设作为节能减排和发展低碳经济的重要载体，是实现低碳城市的重要一步。

居住社区作为构成城市的重要单元，提供了居民的居住空间，也营造着人们的经济行为和生活方式，而人们的生活方式决定了城市是否能踏上低碳之路，低碳社区的意义不言而喻。大学城绿色社区获得美国规划协会最佳绿色社区奖项在于其实施效果，从这个案例中找出适合我国国情，具有操作性的经验是笔者的目的。

6.4.1　建立有操作性的绿色社区管理体系

项目成功的关键在于建立一套具有可操作性的政策体系、管理机构和管理方法。政策体系和管理方法可以通过目标的设定不断调整和测试，某种程度上可以说他们是客体，而运用政策和方法的管理机构就是主体。

大学城社区项目在主体的设立上有别于加拿大的其他社区。首先，社区的土地是属于 SFU 的，并不属于私人；其次，社区基金会是 SFU 和社区居民共同的管理组织，SFU 将土地租赁的资金注入基金会，居民从开发商手中购得住房后通过房产税的形式也为社区基金会注入资金；再次，社区基金会构建了政府、社区、开发商、居民共同商议的平台，成为一个效率和公平相结合的利益平衡工具。

而在我国，首先社区的管理大多由政府行政派出机构（如：街道办、居委会等）进行管理，即使有由居民组织的业主委员会这一类型的社区组织，但是他们并不参与社区的规划建设过程。规划前期主要由开发商和政府进行策划和审批，规划理念的形成主要是通过政府的宣传和引导，社区居民公众参与不足。

第二，社区的建设管理往往是通过自上而下的形式进行，即通过政府机构（如：规划、环保、建设、城管等部门）对社区建设项目进行管理。而在大学城社区内，通过基金会这一平台，可以将政府各部门的要求（如：区划法规、社区总体规划等）进行落实，同时结合场地特征、居民特征、开发商利益特征等方面制定操作层面的发展导则，并由居民、大学、开发商共同商议达成共识后向上位规划进行反馈并指导下一步的规划建设。在这一过程中既满足了政府法规的要求，又满足了经济效益，还实现了公众意愿的表达。

第三，基金会是有经济杠杆的。由于我国使用分税制之后，土地出让金是政府重要的财政收入来源，这使得基础设施主要由政府按照规划进行配套，但社区无法根据自己的需要进行设置，这也在某种程度上限制了居民根据自身特点制定相应的低碳策略。如果由政府划出一部分土地出让金、开发商经营收益的部分税费、结合社区居民的房产税、物业费共同注入基金会就可运用于社区低碳生活中（如：垃圾分类、公共太阳能热水、社区环境、活动设施的建设和维护）。经济杠杆的作用还在于可以制定政府不能在大面积推广的政策（如：打折交通卡、拼车、免费自行车等）。

6.4.2　制定一套便于指导建设的发展导则

首先，导则不属于法定规划体系中的内容，因此在制定和实施过程中往往比较尴尬。按照大学城社区的经验，导则的深度决定了可操作性。在大学城社区发展导则和要求文件中，对于建筑设计、景观环境、标识系统等方面都有详细的规定，从建筑体量到建筑形式，乃至挡土墙的处理、标志牌的大小和字体都有详细规定。这些已经到了施工图设计深度的文件保证了风格的统一和环境协调的目的，同时也在项目审批和管理中提供了详细的参考，避免使导则成为鸡肋的现象。

其次，导则是开发商和社区居民利益博弈的产物，它体现了市场的需要和居民对于生活环境的要求，因此不会产生导则和现实脱节的情况。例如，在确定商业面积比例、最小租住单元面积、社区公共设施（如：幼儿园、活动场所等）以及景观设计风格等方面的时候因为参考了现状居民的生活和环境状况，同时考虑了开发商商业开发的效率才制定出了较为合理的导则内容。

此外，还应强调的是导则的弹性和过程性。社区基金会每年都会对导则实施的效果进行评估，由大学、居民和开发商代表对导则提出建议和意见，并通过听证会的形式对导则进行调整和完善，从而使得导则始终是各方面利益平衡的产物，使导则成为过程性文件而不是最终蓝图式的文件。

6.4.3　绿色生活方式是绿色社区生存的基础

社区的建设不是简单的资金投入和物业升值，而是营造从事经济社会活动的场所和居住空间，是选择和创造一种新的生活模式。同样，如果没有生活方式的延续，社区也会偏离最初的设想。

在大学城社区，规划和建设过程中延续着绿色社区的理念，确保了在物质层面的绿色化。与此同时，社区基金会通过文化宣传、政策引导、地区规定等手段，从节能观念、垃圾分类、绿色出行等方面引导居民的绿色生活方式。通过这软、硬两个方面共同构成了绿色社区的发展和未来。提倡"绿色文化"、"绿色消费"改变生活方式将是使绿色社区得以生存和延续的重要基础。

本章参考文献

[1]City of Burnaby. Burnaby zoning bylaw [R]. Burnaby，2009.

[2]Meadowcroft James. Governance for sustainable development：Meeting the challenge ahead[R].Carleton University，2009.

[3]Official Community Plan. Conceptual development plans & development statistics [R].2010.

[4]Official Community Plan.Univercity east neighbourhood plan development guidelines and requirements[R].2010.

[5]Official Community Plan. Simon fraser university official community plan[R].2002.

[6] 余正荣 . 生态智慧论 [M]. 北京：中国社会科学出版社，1996.

[7] 张庭伟 . 从"为大众的住宅"到"为大众的社区"，从"居住区规划"到"社区建设"[J]. 时代建筑，2004（5）.

[8] 张庭伟 . 社会资本、社区规划及公众参与 [J]. 城市规划，1999（10）.

第7章 纽约高线公园规划

获得奖项：社区特别创新奖^①
获奖时间：2006 年

纽约高线公园(High Line Park)是利用城市废弃的高架铁路建成的一个独特的线性高架开放空间。该项目由于其独特的社区改造与更新理念，于 2006 年获得了美国规划协会颁发的全国杰出规划社区特别创新奖（Outstanding Planning Award for a Special Community Initiative)。

高线公园规划有效平衡了甘斯沃尔特街（Gansevoort Street）到西 30 街区域的复合功能，并在以保护该区域艺术走廊的前提下开辟了新的居住空间。该区域区划法规（Zoning）的修订基于三个原则：保护工业遗址和转型高架铁路功能，创造更多的居住空间，尤其是为中低收入者提供住房；保护该区域艺术走廊的独特性；尊重私有财产，准许高架铁路以下土地的拥有者将地面层的建筑面积转移成高线上"可利用区域"，来投资房地产或是其他综合使用功能。

7.1 项目背景

7.1.1 项目概况

高线公园位于纽约市曼哈顿岛西南部的切尔西区域，南起甘斯沃尔特街，北至 34 街，蜿蜒穿行于第 10 大道和第 11 大道之间，东可眺望曼哈顿金融区天际线，西可领略哈德逊河的优美景致（图 7-1～图 7-3）。

高线公园全长 2.3km，面积 2.87hm²，包括 22 个街区。其中第一部分全长 0.8km，面积 1.13hm²，包括 9 个街区，于 2009 年 6 月向公众开放；第二部分全长 0.8km，面积 0.87hm²，包括 10 个街区；第三部分全长 0.7km，面积 0.87hm²（图 7-4）。

7.1.2 历史沿革

7.1.2.1 切尔西区背景简述

切尔西区位于纽约市曼哈顿岛的西南边，临近哈德逊河，依托自然形成的港口优势，以及货运交通的不断完善，码头设施、仓库、工厂不断兴建，在 19 世纪中叶其工业地位日益突出，林立的烟囱、喧杂的货运交通以及联排的厂房是当时城市景观的写照（图 7-5）。时至今日，从该区域的城市肌理中依稀可见当时工业文明的痕迹，这也为贯穿其中的高线铁路的保留和再改造提供了历史机遇。

随着产业模式的更替，切尔西区工业地位逐渐下降，各种闲置的仓储和厂房建筑成了艺术家的乐土。直至 20 世纪 90 年代中期，切尔西区已然成了纽约的当代艺术中心，原位于曼哈顿岛苏豪区（SOHO）的艺术画廊也搬到了切尔西区。从 16 街至 27 街，第 10 大道和第 11 大道之间，有超过 350 家画廊展览和销售由成名和新兴国际艺术家创作的前卫艺术作品。良好的艺术氛围和前卫的思潮为高线的独创性规划设计提供了智慧源泉。

---

① 美国规划协会最佳规划奖每年的奖项设置会根据当年的热点问题略有不同，社区特别创新奖为 2006 年所设的奖项。

图 7-1　纽约市区位图

图 7-2　高线公园区位图

图 7-3　高线公园影像图

图 7-4 现状基本情况

图 7-5　工业繁盛时期的高线地区景象

资料来源：Hazari & Friends of the High Line，2008

7.1.2.2　高线的发展历程

　　高线铁路最早是建成于 19 世纪 40 年代的地面铁路，后来因为在地面上行驶存在安全隐患，在 1934 年就被架高到离地面 9.5m 的空中，运行的路线由南边的甘斯沃尔特街向北边的 34 街延伸（图 7-6），主要是用来运送货物。到了 1950 年后由于航空和高速公路的兴起，铁路运输日益衰退，高架铁路也日渐没落，直到 1980 年基本停运。1999 年该社区内两位热心人士乔舒亚·戴维（Joshua David）和罗伯特·哈蒙德（Robert Hammond）成立了"高线之友"（Friends of the High Line）非营利组织，他们极力倡导高线铁路的保存及作为公众休憩空间的再利用。2003 年通过全球公开招标，确立了规划设计团队。2006 年 4 月开始改建工程，并于 2009 年 6 月开放了一期工程：从甘斯沃尔特街到西 20 街。

7.1.3　形成原因

　　刘易斯·芒福德（Lewis Mumford）在《城市发展史》中提到，城市的功能和目的缔造了城市结构，但城市结构却较这些功能和目的更经久。经历了工业时代向后工业时代的转型，美国城市的功能和目的在不断发生变化的同时，其城市结构也时刻面临着保护与更新的挑战。美国在 20 世纪开始

图 7-6　高架铁路历史照片
资料来源：http：//www.thehighline.org

的城市拆旧建新过程中，也曾出现过一些问题，包括：拆除旧区的改建规划忽视了原有的历史文脉；规划"超级街区"以便于土地转让，忽视了传统的小尺度交往空间；集中建造低收入者的廉租住宅，造成社会阶层的隔离等。故而纵观美国近年来的城市规划案例，尤其是旧城保护与更新，更多的焦点放在如下几个方面：如何在拆旧建新中，尽可能减少社会代价、经济代价和文化代价；如何解决旧城经济复兴、城市活力问题，在充分尊重私有产权的基础上通过旧城更新带动邻近区域经济的发展，吸引更多的综合产业和开发投资；如何解决决策中的公众参与问题，如何从社区调查入手，自下而上以更好的方式扶持社区力量，实现社区自主的意愿，如吉姆·迪尔斯（Jim Diers）在《社区力量——西雅图的社区营造实践》(Neighbor Power Building Community：The Seattle Way）所提到的方式等。

　　正是在这样的背景下，才有了社区非营利组织——"高线之友"的成立，他们极力倡导工业遗址的保护和公共开放空间的再利用，并成功组织了高线公园全球招标，最终打动和促成了纽约城市规划部门于 2005 年针对高线公园区域进行了区划法的修编，才有了高线公园独特的社区改造与更新理念。

7.2　规划内容

　　这座废弃的铁路曾经是纽约市曼哈顿岛重要的交通基础设施，历经时代变迁，它所承载的工业时代印迹，以及它所展现出的诗意、野趣很自然地成为了该公园设计的重要灵感（图 7-7）。该公园的组织者及规划设计人员力图将这条工业运输线转变成后工业时代城市开放空间的典范。

图 7-7 长满杂草的基址现状
资料来源：http://www.thehighline.org

7.2.1 规划概况

7.2.1.1 纽约开放空间概况

纽约的开放空间包括公园、广场、自然保护区、生物栖息地、墓地、娱乐场所、海滩、运动场所、高尔夫球场等，总面积为 214.23km²，超过城市面积的 1/4，人均面积约 26m²，大量的开放空间使得纽约成为美国最绿的城市之一。纽约人热爱他们的开放空间，并渴望使用它们。据最近的一次调查，82% 的市民认为开放空间是他们最重视的城市资产之一。纽约 2030 远景规划提到未来开放空间的目标是确保所有纽约人居住在公园的"10 分钟步行圈"内。为实现这一目标，规划提出一些有效举措，包括延长现有开放空间的使用时间，将一些有潜力的用地打造成开放空间或半开放空间（图 7-8），包括私人和公共闲置空地、学校活动场地、竞技体育场地、社区花园等等。通过统计，至 2030 年，重新规划、获得和开发的开放空间面积增加 16.19km²，实现远景开放空间目标（图 7-9）。

7.2.1.2 高线公园在纽约开放空间中的地位及与本地区其他绿地的关系

作为交通用地中的闲置用地，高线公园是在纽约 2030 远景规划的大背景下，转变成城市开放空间的典型案例。它的成功转型不仅使得西切尔西区域居住的市民能在"10 分钟步行圈"内享受此公园，也为纽约其他私人或公共空地向开放空间转变提供了思路和方法，而高线公园的独特性和前卫性，也使得它成为了纽约市民的新宠，赢得了游客和专业学者的青睐。

开放空间
■ 私人空地 1344 hm²
■ 公共空地 471 hm²
□ 社区花园 35 hm²

Staten Island
at left

N   0   2.5   5   7.5   10 英里

图 7-8   有潜力打造开放空间的用地分析
资料来源：The City of New York，2010

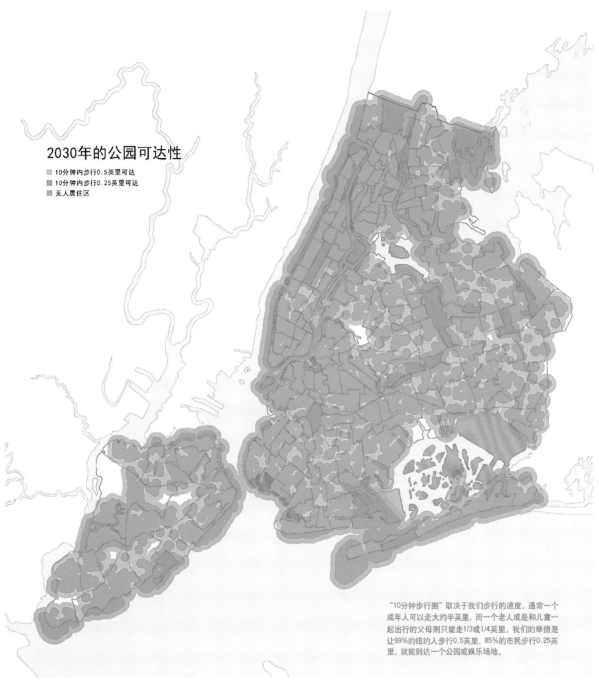

2030年的公园可达性

- 10分钟内步行0.5英里可达
- 10分钟内步行0.25英里可达
- 无人居住区

"10分钟步行圈"取决于我们步行的速度。通常一个成年人可以走大约半里，而一个老人或是和儿童一起出行的父母则只能走1/3或1/4英里。我们的举措是让99%的纽约人步行0.5英里，85%的市民步行0.25英里，就能到达一个公园或娱乐场地。

图 7-9　2030 年开放空间可达性分析

资料来源：The City of New York，2010

　　高线公园所在的西切尔西区域，公共开放空间主要由社区绿地、沿哈德逊河滨水绿地和街边绿地组成，高线公园的开发建设不仅将街边、社区绿地与滨水绿地进行有效的串联，也丰富了区域绿地的层次感，更为市民和游客欣赏哈德逊河滨水风光提供了很好的观景平台（图 7-10）。

7.2.2　设计特色

　　该项目由詹姆斯·科纳风景园林事务所（James Corner Field Operations）及迪勒＋斯科菲德奥

(Diller+ Scofidio)和伦弗罗（Renfro）建筑设计事务所合作完成。高线公园创造了利用高架铁路改造作为城市开放空间的先例，它遵循生态可持续发展原则，将保护与创新相结合，为城市动物栖息、本土植物展示和人类活动建立了一个多样性的走廊（图7-11）。

7.2.2.1 "植—筑"（Agri-Tecture）理念的贯彻始终

麦克哈格（Ian Lennox McHarg）在《设计结合自然》中提到：自然现象是相互作用的、动态的发展过程，是各种自然规律的反映，而这些自然现象为人类提供了使用的机遇和限制。高线公园中"植—筑"概念的提出，正是基于对高线铁路上自然规律的尊重和创新式运用。它打破硬质铺地与植被的常规布局方式，以农业技术耕种的方式将植物与铺装材料按一定的规律有机结合，营造出丰富的空间体验，动静结合，既有私密空间，又提供交流的基本场所。硬质铺装和软质种植体系相互渗透，营造出不同的表面形态，从高步行率区域（100%硬质表面）到高绿化覆盖率区域（100%软质表面），呈现多种软硬比例关系，为使用者带来了不同的身心体验（图7-12）。

图 7-10　俯瞰高线公园跟周边绿地的关系

资料来源：http://www.thehighline.org

7.2.2.2 尊重"高线"场地的自身特色，充分体现场所精神

任何一个场所都是历史的、物质的和生物的发展过程的总和，这些过程是动态的，它们形成了价值和精神。高线的独特性和线性景观，其自发的野生植被——草甸、灌木丛、藤蔓、苔藓、鲜花的混杂，以及与道碴、枕木、铁轨和混凝土的完美融合，无不是这一动态过程的体现（图7-13）。

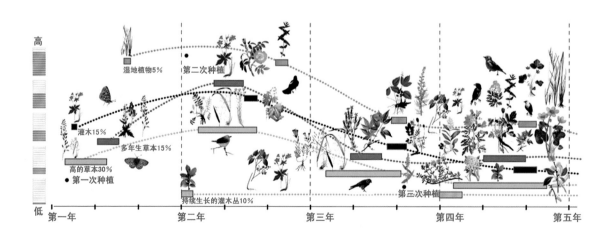

图 7-11　生物多样性演变示意图

资料来源：Hazari & Friends of the High Line，2008

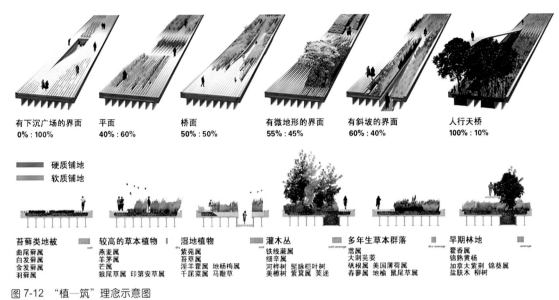

有下沉广场的界面   平面   桥面   有微地形的界面   有斜坡的界面   人行天桥
0%：100%   40%：60%   50%：50%   55%：45%   60%：40%   100%：10%

■ 硬质铺地
■ 软质铺地

苔藓类地被	较高的草本植物	湿地植物	灌木丛	多年生草本群落	早期林地
曲尾藓属	燕麦属	紫苑属	铁线蕨属	蒿属	藿香属
白发藓属	羊茅属	苔草属	细辛属	大刺芫荽	锦熟黄杨
金发藓属	芒属	淫羊藿属 地杨梅属	河桦树 髭脉栎叶树	矾根属 美国薄荷属	加拿大紫荆 锦葵属
羽藓属	狼尾草属 印第安草属	千屈菜属 马鞭草	美檫树 紫箕属 荚迷	春蓼属 地榆 鼠尾草属	盐肤木 柳树

图 7-12 "植—筑"理念示意图
资料来源：Hazari & Friends of the High Line，2008

图 7-13 高线体现的诗意、自然荒芜之美
资料来源：http：//www.thehighline.org

　　规划设计也主要体现在三个层面:首先是创造一个新的铺装系统,条状混凝土板是基本铺装单元,它们之间留有开放式接缝,特别在锥形边缘和接缝处允许自由流动的水(灌溉收集)。植被从逐渐变窄的铺装单元之间生长出来,柔软的植被与坚硬的铺装地面相互渗透,以有机的方式体现自然的野趣(图 7-14)。其次是引导游人放慢脚步,高节奏的都市生活让人们往往忘记了停下来观察和思考。该公园营造出一种时空无限延展的轻松氛围,悠长的楼梯、蜿蜒的小路、灌木丛和湿地中的徒步旅行、不经意间的美景无不使人们流连忘返,寻找突然间的自我。第三个层面则是尺度和比例的精心设计,尽量避免当前景观中求大、求醒目的趋势。公共空间层叠交错,沿途风景变化各异,一幅幅别样的画面,随着脚步的移动——展开,让人沿途领略到了曼哈顿的城市风貌和哈德逊河的旖旎景色。

图 7-14　全新理念的铺装体系
资料来源:http://www.thehighline.org

7.2.2.3　主要设计平面图

　　高线公园一期工程主要包括四个景区(图 7-15、图 7-16):南部入口景区(1 段)、中部景区(2 段)、26 街景区(3 段)和北部入口景区(4 段)。

　　1)南部入口景区

　　从甘斯沃尔特街到西 13 街,主要节点包括:甘斯沃尔特街广场、观花灌木林、四季草甸等(图 7-17、图 7-18)。其特点是:从喧嚣的甘斯沃尔特街和华盛顿大道的路口,突然进入一个安静封闭的垂直交通空间。随着视线的不断抬高,进入一个全新的俯瞰城市的视野范围;沿着线性空间的不断推进,从半封闭的甘斯沃尔特灌木丛林,到华盛顿多年生宿根草甸,视线豁然开朗。短短的百米路径体验完全不同的自然生境。

2）中部景区

从西15街到17街，主要节点包括：日光浴场、艺术长廊、城市掠影、第10大道广场等（图7-19、图7-20）。其特点是：穿过四季草甸，进入湿地植物与水景营造的日光浴场，不仅可以坐下来享受阳光，还可以躺着欣赏哈德逊河的优美风景；然后迈入半封闭的建筑结构与高线围合的空间，在此可鉴赏和参与纽约的各种艺术活动；到达第10大道广场区域，一个富有创意的阶梯景观，大面积的玻璃充当屏幕，人与街道景观在看与被看间互为电影。

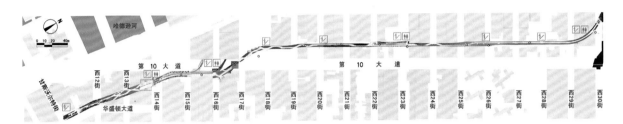

图7-15 总平面图

资料来源：http://www.thehighline.org

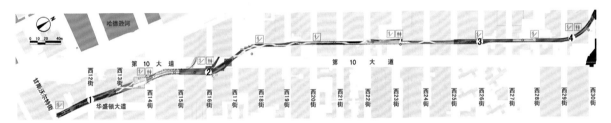

图7-16 详细节点设计区位图

资料来源：http://www.thehighline.org

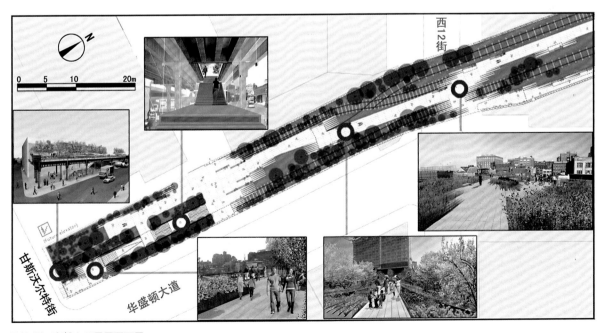

图7-17 南部入口景区平面图

图 7-18　观景台设计效果图
资料来源：Hazari & Friends of the High Line，2008

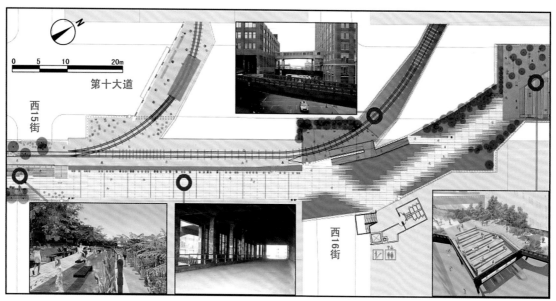

图 7-19　中部景区平面图

图 7-20　阳光浴场效果图

资料来源：Hazari & Friends of the High Line，2008

3）26 街景区

从西 25 街到 27 街，主要节点包括：林空漫步、城市影像、缤纷草场等（图 7-21 ～图 7-24）。其特点是：为保护高线在 25 街区段的野生漆树林和苔鲜丛，设计了一段架空的钢结构天桥，让游客在丛林中悠闲漫步；26 街竖起一个巨大的玻璃屏，人们在此驻足休憩，欣赏街道风景，各色的服装和造型同时也成为城市的缤纷广告。

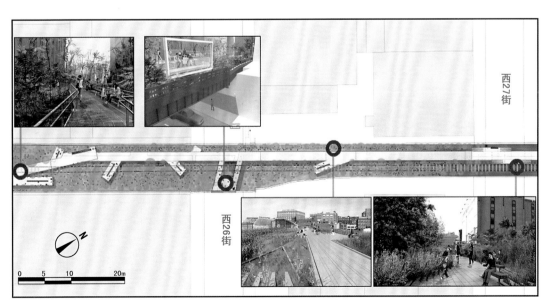

图 7-21　26 街景区平面图

图 7-22　林空漫步剖面图
资料来源：Hazari & Friends of the High Line，2008

图 7-23　林空漫步效果图
资料来源：Hazari & Friends of the High Line，2008

图 7-24　城市影像效果图
资料来源：Hazari & Friends of the High Line，2008

4）北部入口景区

从西 28 街到 30 街，主要节点包括：田野采风、空中走廊等（图 7-25、图 7-26）。其特点是：这一段是充满野趣的体验景观，园艺师在原有植被的基础上点缀不同的草本植物，四季有花，四季有景。

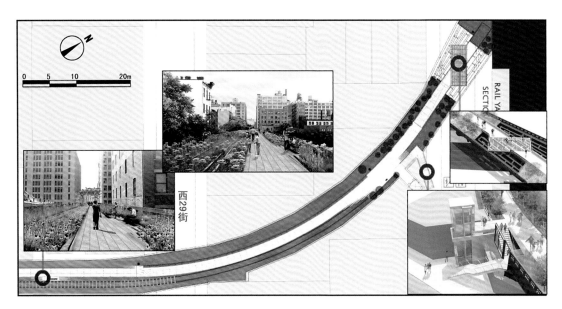

图 7-25　北部入口景区平面图

图 7-26　空中走廊效果图

资料来源：Hazari & Friends of the High Line，2008

7.2.3 垂直交通

高线公园净空 9.5m，从南部入口甘斯沃尔特街到北部入口西 30 街，全长 1.6km，共有 9 个出入口，平均 200m 一个出入口，分别位于甘斯沃尔特街、西 14 街、西 16 街、西 18 街、西 20 街、西 23 街、西 26 街、西 28 街和西 30 街（图 7-27、图 7-28）。其垂直交通的形式包括直跑式楼梯、折叠式楼梯

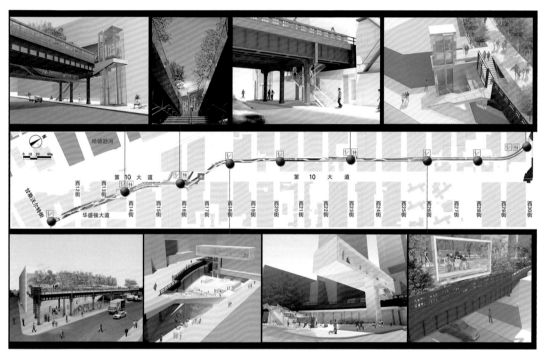

图 7-27　出入口
垂直交通设计

图 7-28　无障碍
观光电梯设计

资料来源：Hazari &
Friends of the High
Line，2008

和无障碍观光电梯。南部入口甘斯沃尔特街位于商业区域，西边毗邻惠特尼艺术博物馆，人流量相对较大。西 14 街入口临近街边绿地，与哈德逊河滨开敞空间直接相连。西 16 街和西 18 街位于文化艺术区域，包括艺术展览、餐饮、住宿等配套服务，西 18 街出口与社区文化广场相连，是相对较大的人流集散地。西 20 街、西 23 街和西 26 街位于工业用地内，人流相对较小。西 28 街和西 30 街毗邻居住区和商业区，又是北部的主要进出口，人流较多。

7.3　实施机制与效果

7.3.1　实施机制

7.3.1.1　行政与法规

高线公园所在的西切尔西区域区划法的修改从提出申请到最后审批通过历时两年，过程包括：提出申请，城市规划部门认证，社区委员会审查（形式：联络委员会投票表决），自治区理事会投票表决及区主席的建议，城市规划委员会组织的公众听证会及最终市议会的审批通过。

2005 年 6 月市议会批准了西切尔西区依据土地利用的统一审查程序（ULUPR）提出的三项申请，包括：区划法文本修改——创建一个全新独特的西切尔西区域，并详细说明容积率及土地控制要求，去除特别的土地混合利用区域（MZ-3）；区划法图则修改——重新区划部分包括 M1-5 轻型制造业用地，容许兼容商业和住宅用地功能；为促进高线铁路设施的再利用，在原有基址上将其建成公共开放空间（图 7-29）。

经市议会批准的部分调整内容如下：

1）土地使用、密度和容积率条例

西切尔西部分区域将容许居住和商业的混合开发，包括第 10 大道和第 11 大道的临街区域、中部街区以及外部的艺术走廊核心区域。

图 7-29　修编前的分区图则

资料来源：http://www.nyc.gov

为保证该区域的独特性，条例要求控制建筑高度和建筑退线，包括附近许多 20 世纪早期 LOFT（由旧工厂或旧仓库改造而成的，少有内墙隔断的高挑开敞空间）建筑，相邻的切尔西历史街区和哈德逊河滨水区（图 7-30）。

2）立面高度调整

沿第 10 大道，24 街至 28 街区域（C6-2），规划的建筑立面的控制最大高度从 44.2m 降至 38.1m，确保与该区域原有建筑的尺度相协调（图 7-31）。

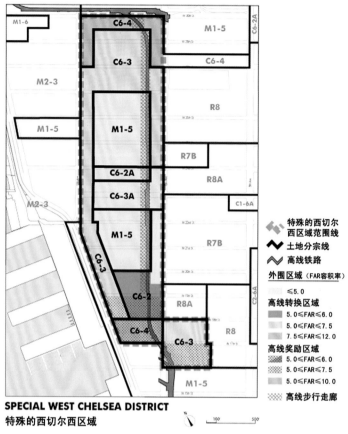

图 7-30   修编后的分区图则

资料来源：http://www.nyc.gov

图 7-31   高度调整示意图

资料来源：http://www.nyc.gov

3）调整包容性住房计划（Inclusionary Housing Program）

包容性住房是指鼓励不同收入、不同种族人群在同一地区居住的政策。经城市规划委员会和市议会调整修改的包容性住房计划，将在该特殊区域为中、低收入家庭提供更多入住机会。其中一些在 C6-3 和 C6-4 区域因高线换乘通道而转移的地面建筑面积，在包容性住房计划的规定下，将允许进一步增加其转移的建筑面积（容积率奖励，图 7-32、图 7-33）。通过对该计划的调整，积极鼓励建房者使用包容性住房计划，并给予资金补贴。调整包容性住房计划的重要意义在于将为西切尔西区域提供 1000 个单位的中、低收入家庭可负担住房（affordable housing）。

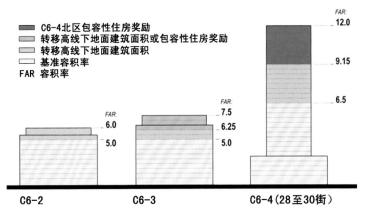

图例：
- C6-4北区包容性住房奖励
- 转移高线下地面建筑面积或包容性住房奖励
- 转移高线下地面建筑面积
- 基准容积率
- FAR 容积率

图 7-32 容积率奖励示意图（一）
资料来源：http://www.nyc.gov

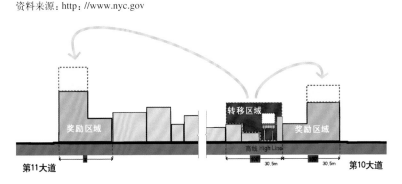

图 7-33 容积率奖励示意图（二）
资料来源：http://www.nyc.gov

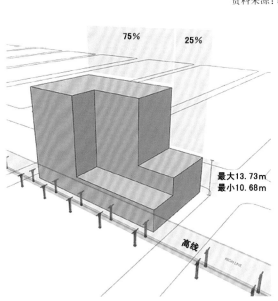

图 7-34 第 10 大道临街建筑控制示意图
资料来源：http://www.nyc.gov

4）高线邻接控制细则

位于第 10 人道和高线之间的发展用地将受到额外的体量控制，这些措施是为了保证高线公园的视线、采光、通风和从地面层到高线层公共入口的设置。

在第 10 大道临街建筑控制上，为了与已存在的无电梯公寓和 LOFT 建筑相协调，规划建筑在体量控制上要求和高墙面相混合的形式，这样的街道立面有助于高线公园的采光、通风和视线控制。在此规定要求下，沿第 10 大道规划建筑的 25% 沿街墙面高度将控制在 10.68～13.73m 范围内，且这些较低街墙要求定位在街道交叉口，剩下 75% 的沿街建筑墙面可达到被允许的最大高度（图 7-34）。

在高线公园相邻建筑控制上，为满足高线公园游客的多样化空间体验，建筑邻近高线的部分立面要求后退，而其余的立面可允许直接与高线公园相连。单个建筑容许最多 40% 的立面可达到被允许的最大高度，并直接与高线相邻。其余至少 60% 的立面部分高度不容许超过高架铁路，除非该墙面退后至少 7.63m（图 7-35）。至少 20% 的建筑顶层面积要求被保留作为绿色开放空间。为提供游客在高线公园视线的延展性，该开放空间可定位在邻近高线但高度未超过高架铁路的建筑顶层，不能面朝第 10 大道，但可以用作公共或私人空间（图 7-36）。

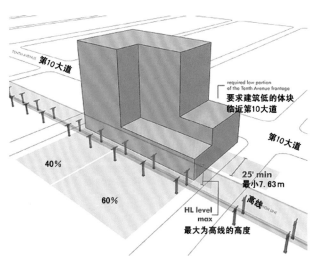

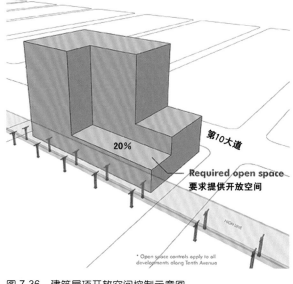

图 7-35   高线公园相邻建筑控制示意图

资料来源：http://www.nyc.gov

图 7-36   建筑屋顶开放空间控制示意图

资料来源：http://www.nyc.gov

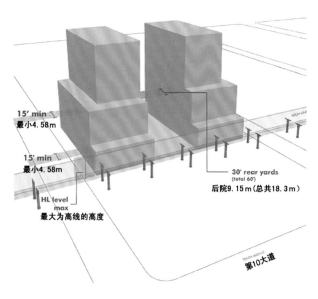

图 7-37   高线西侧建筑控制示意图

资料来源：http://www.nyc.gov

在高线公园西侧建筑控制上，在 4.58m 的范围内，其建筑立面不得超过高架铁路的高度。对于一些临近窄街且基底面积超过 18.3m 的建筑，在其基准高度上要求有额外 4.85m 的立面后退（图 7-37）。

7.3.1.2   财政支持

在财政支持方面，主要包括以下四个方面：

1）1999 年成立的高线之友非营利组织，致力于建造和维护一个曼哈顿岛上独一无二的城市开放空间。高线的保护和再利用理念缘起于高线之友，它们还提供超过 70% 的年度经营预算，用于公园日常维护。

2）北美铁路货运公司——高线铁路的拥有者，将高线的一段（甘斯沃尔特街—西 30 街）捐赠给纽约市政府，由城市公园和休闲娱乐部门进行管理。

3）纽约州政府、北美铁路货运公司、纽约市政府和城市地面运输委员会共同签署文件，成立铁路部门的流动银行（Railbank），致力于建设和维护高线公园。

4）高线公园的建设和维护基金还包括社会私人捐赠、公司和基金会的大力支持。

7.3.2   实施效果

7.3.2.1   公园本身的影响

自从开园以来，高线公园已经赢得了广泛的赞誉，并且受到了当地居民、游客、设计师和社会评论家的喜爱。截至 2010 年 4 月，开放不到一年，已经吸引了超过 200 万的游客。除了提供社区需要的开放空间外，重新将散步场所的概念带回到都市公园体验。高线公园的实例为城市设计和景观设计提供了创新的思路，推动了经济和生态的可持续发展（图 7-38 ～图 7-47）。

图 7-38　建设前实景

资料来源：http：//www.thehighline.org

图 7-39　建设后实景（一）

图 7-40   建设后实景（二）

图 7-41   建设后实景（三）

图 7-42 公共参与活动（一）

资料来源：http：//www.thehighline.org

图 7-43 公共参与活动（二）

资料来源：http：//www.thehighline.org

图 7-44 从公园看城市景观（一）

资料来源：http://www.thehighline.org

图 7-45 从公园看城市景观（二）

图 7-46　从公园看城市景观（三）

资料来源：http：//www.thehighline.org

图 7-47　从公园看城市景观（四）

资料来源：http：//www.thehighline.org

高线公园从规划、设计到施工获得了专业领域的一致认可，并获得了纽约地表保护工程奖、美国建筑师协会（AIA）最佳城市设计奖、美国景观设计师协会（ASLA）综合类设计荣誉奖以及美国规划协会（APA）全国杰出规划奖等一系列奖项。借用其中的两个奖项的评语就可看出其获奖的原因。美国建筑师协会："最重要的莫过于高线公园设计中映射出的纽约特质。"美国景观设计师协会："这个项目已经获得了广泛的喜爱和认同，它获奖是当之无愧的。"

除了专业领域的褒奖外，高线公园还在民间获得了良好的口碑。自开放以来，高线公园始终游人如织，高峰时段队伍甚至一度延伸到曼哈顿西侧的高速公路旁，被纽约市民亲切地称为纽约市的"公共大阳台"。纽约市议会发言人克里斯蒂娜·奎因说道："在这里，你既是在高处，又是在室外，确实是种奇妙的感受。"《纽约时报》写道："高线公园是一场视觉盛宴，不仅对游客而言，也包括纽约市民，他们将以全新的角度透视曼哈顿城市景观，去思考，去放松。高线公园是一个值得品味的纽约童话故事，同时也是一个伟大的西城故事。"MNYC美国广播电台则评价道："这是难以置信的，由于环境条件的独特性，在高架的铁轨上发现了一些寻常难见的植物，这在其他公园里是不可能的。"

7.3.2.2 对西切尔西区域的影响

高线公园的规划和实施，不仅成功地解决了工业遗址保护和棕地再利用的问题，增加了城市绿色开放空间的数量并升华了其艺术性，而且更为重要的意义在于改善了西切尔西区域的多样性和活力，并作为邻近地带经济的牵引，吸引了住宅、办公、文化娱乐等房地产业的开发以及新兴文化产业、艺术博览、餐饮、休闲等多行业的投资。高线沿线正在新建和改建的项目有30多个，许多著名建筑师都在此一显身手，包括让·努韦尔（Jean Nouvel）、弗兰克·盖里（Frank Gehry）、理查德·罗杰斯（Richard Rogers）、安娜贝勒·塞尔多弗（Annabelle Seldorf）、罗伯特·斯特恩（Robert A.M. Stern）、珀尔希克合伙人（Polshek Partnership）和格瓦斯米·西格尔（Gwathmey Siegel）等。行走在南部入口甘斯沃尔特街至西24街之间，是一次21世纪初期现代建筑的视觉盛宴，从弗兰克盖里设计的ICA总部（美国最大的网上旅游公司），到在建的伦佐·皮亚诺（Renzo Piano）设计的惠特尼美国艺术博物馆，无不给人强烈的视觉冲击，而这些形形色色的现代建筑，都与高线公园项目有着直接或间接的关系（图7-48、图7-49）。

图 7-48　21 世纪建筑艺术走廊（一）

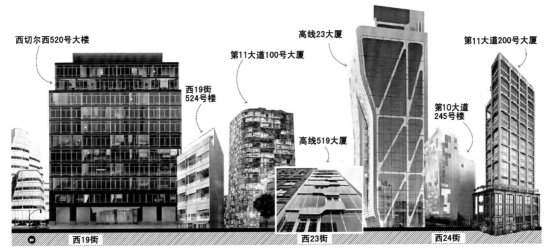

图 7-49　21 世纪建筑艺术走廊（二）

7.4 启 示

从 20 世纪 70 年代理查德·哈格（Richard L. Haag）的美国西雅图煤气厂公园到 20 世纪末彼得·拉茨（Peter Latz）的德国鲁尔区北杜伊斯堡公园，再到如今的纽约高线公园，工业遗址的保护和再利用已经走过了将近半个世纪，前辈们不仅给我们留下了一个个鲜活的案例，更启发了我们对工业遗址保护的更多关注，以及更多如何采取措施的思路和理念。现今的高线公园就是一个将废弃的高架铁路改造作为城市公园的规划典范，它给予我国城市步入后工业时代的借鉴和启示包括以下几点：

7.4.1 成功应对经济转型、交通方式转变后城市空间的再开发

纽约经济在经历从传统工商业转型为现代服务业，交通方式由陆路和航空逐渐替代轨道运输的过程中，城市空间也在发生着一系列变化，包括：旧工业用地及厂房的闲置、城市基础设施的荒废以及住房的空置等。高线公园正是在这样的背景下，成功地解决了旧工业设施以及工业遗址的保护和再利用，城市休闲绿地数量的增加和艺术性的提升，社区活力的改善以及作为邻近地带经济的牵引，吸引了新兴文化产业、商业和住宅项目的开发投资。

7.4.2 提出"棕地"（Brown Field）利用的新模式

在城市发展的过程中，棕地问题越来越凸显出来。棕地的开发，作为一个城市土地可持续发展的重要战略措施，在欧美国家受到普遍认识。高线公园在如何可持续利用棕地方面提出了新的模式：既保留了废弃的基础设施、现状路网、铁路上的诗意荒芜之美以及次生的灌木林丛，又实现了高架铁路的单一性向开放空间的多元性转型，达到了社会效益、经济效益和生态环境效益三者的协调统一。

7.4.3 周边区域联动发展和先期控制

高线公园的成功运作，离不开周边区域的联动发展以及法规条例的先行控制。在高线建设之前，周边地区的保护和更新就已启动。1970 年，以传统特色联排房屋为主的西切尔西历史街区得以确定；1981 年，该历史街区的范围被延伸；2003 年，纽约市地标保护委员会确立了甘斯沃尔特市场历史街区；2008 年，该委员会又在西切尔西确定了另一处以厂房和仓库为主的历史街区，旨在保留工业

街区的历史特色。同时，周边地区的更新不断进行，为地区注入了新的活力。例如：2005 年，规划部门对西切尔西的大部分区域重新作了区划，鼓励将原有的工业空间置换为艺术展览空间；在高线最南端，即甘斯沃尔特街和华盛顿大街相交处，将建造伦佐·皮亚诺设计的惠特尼美国艺术博物馆，成为高线南端的标志性建筑。周边区域的保护和更新，旨在为高线的再开发提供适宜的土壤。政策法规的先行控制以及特殊条例的制定，也确保了高线能成为市民共享的、舒适的公共空间。

7.4.4　"自下而上"的公众参与

高线公园的实现经历了贯穿在整个设计过程中以研讨会和报告形式的高度的公众参与。与传统的"政府和开发商主导的自上而下的"公众参与模式不同，民间组织"高线之友"在高线的保护、再开发以及后期管理过程中发挥着更为积极的作用。如果没有"高线之友"的努力，铁路可能早已被拆除。自成立以来，"高线之友"一直坚持和推广他们的思想：把废弃铁路原质地保留，作为纽约独一无二的线性开放空间。此外，"高线之友"还作了专项研究，证明如果对高线进行再开发，产生的税收将高于开发所需的费用，表明项目在经济上是可行的。他们的不断努力终于在 2002 年得到了肯定，联邦地面交通运输部门通过了一项决议，促使高线的保护与再利用成为纽约市的开发政策。目前，"高线之友"还与纽约市公园与娱乐管理局一同负责高线公园的管理。

7.4.5　关注社会效益

整个项目从开发运作到最终实施，饱含着浓浓的人文关怀。大到政策领域，从纽约城市规划部门在批准修改区划法规要求中所提到的为中低收入者提供一定比例的住宅需求，细到公园中植物的选择来自于纽约市民的参与投票，自始至终体现着规划以大众为本的原则。

7.4.6　可持续性设计理念的植入

公园里两百余种多年生植物中 75% 来自本地，其余草、灌木和树木也都经过精心挑选，努力建立一个本土化，原生态，低维护成本，在特定的微气候下能够自播繁衍的植物群落。

作为世界上最长的空中花园，高线公园在原铁路的基础上铺了一层防水混凝土层，建成了一套自营体系，称为"有生命力的屋顶系统"（living roof system）（图 7-50、图 7-51），包括开放可渗透的铺装系统，有效提高了保水、排水、通气效率，减少了灌溉需求；基于最大使用周期的成本材料选择，包括木板、钢材和其他材料，以减少更换和维修次数；基于 Diller von Furstenberg 公司日光浴板的封闭循环系统，降低了水的使用；节能型 LED 照明灯被安装在视线以下照亮道路确保安全，同时控制灯光强弱确保人们可以欣赏到城市以外的夜空（图 7-52、图 7-53）。

此套可持续的自营体系具有如下环境效益：减少了公园 80% 的地表径流；其长长的屋顶绿化有效调节了局部城市"热岛"效应；创造了庇荫处、清洁的氧气，

图 7-50　有生命力的空中花园系统（施工中）
资料来源：http://www.thehighline.org

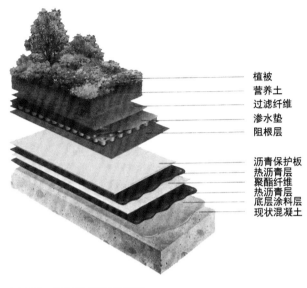

植被
营养土
过滤纤维
渗水垫
阻根层

沥青保护板
热沥青层
聚酯纤维
热沥青层
底层涂料层
现状混凝土

图 7-51　空中花园植被构造图
资料来源：Hazari & Friends of the High Line，2008

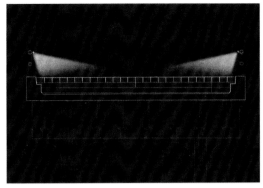

图 7-53　节能照明系统实景
资料来源：http://www.thehighline.org

图 7-52　节能照明系统设计
资料来源：Hazari & Friends of the High Line，2008

并为昆虫和鸟类提供了栖息地。制定了永续栽培的操作体系，包括基于品种需求和天气条件的人工浇灌系统，以利于控水节水；建立公园内部的花园垃圾堆肥设施；不使用农药和化肥，采购对环境无害的溶剂、清洁剂和其他化学药品；大量减少化学岩盐的使用，通过人工方式化雪，既为游客提供安全的游步道，又使得植物有安全的雪水可用，并保证了土壤的可持续利用。

本章参考文献

[1] Hazari Patrick，Friends of the High Line. Design the high line：Gansevoort street to 30th street [R].New York，NY.，2008.

[2] James Corner Field Operations 景观设计事务所 . 高线公园 [J]. 景观设计学 2009（7）：72-79.

[3] The City of New York. 2010. PlaNYC update：A greener, greater New York. The Mayor's Office of Long-Term Planning

and Sustainability [R].New York，NY.，2010.

[4]（美）吉姆·迪尔斯.社区力量：西雅图的社区营造实践 [M].黄光廷，黄舒楣译.台北：洪叶文化事业有限公司，2009.

[5]（美）刘易斯·芒福德.城市发展史——起源、演变和前景 [M].宋峻岭，倪文彦译.北京：中国建筑工业出版社，2005.

[6]（美）伊恩·伦诺克斯·麦克哈格.设计结合自然 [M].芮经纬译.天津：天津大学出版社，2006.

[7]张庭伟.中美城市建设和规划比较研究 [M].北京：中国建筑工业出版社，2007.

[8]杨春侠.悬浮在高架铁轨上的仿原生生态公园——纽约高线公园再开发及启示 [J].上海城市规划，2010（1）：58-59.

第8章 俄勒冈州波特兰公共交通导向发展计划

获得奖项：最佳实践奖

获奖时间：2008 年

俄勒冈州波特兰市是美国城市规划的典范，以其城市增长边界和公共交通导向发展政策闻名于世。1998 年，波特兰都市区域政府通过《2040 规划》，提出致力于集中建设，而不是增加建设用地（Building up, not out）的规划策略。同时，波特兰都市区域规划组织说服了联邦资金管理者，仅有规划是不够的，还需要相应的政策支持。美国联邦公共交通局允许都市区交通改进计划的资金用于公共交通站点附近土地和土地使用权的购买。目前，26 个位于公共交通密集走廊上的项目，其项目类型从高密度的住房到富有创意的工作室，为临近轻轨及公交线路区域增加了 2500 个住宅单位和 120 万平方英尺（约 11.1 万 m²）的办公建筑面积。这些项目每天将为波特兰都市区公共交通系统创造 3139 个"诱增乘客量"，并体现场所营造的重要性。

美国规划协会的奖项是授予波特兰都市区政府的公共交通导向发展计划，但波特兰公共交通导向发展（以下简称 TOD）的成功得益于包括该计划在内的更广泛的政策支持，是公私合作（Public Private Partnership）的典范。

8.1 项目背景

8.1.1 城市概况

俄勒冈州波特兰市位于美国西北部，威拉米特河、哥伦比亚河的交汇处。波特兰都市区由马尔特诺马县（Multnomah County）、克拉克默斯县（Clackamas County）和华盛顿县（Washington County）的城市化区域组成，都市区总面积约 1191km²，人口总量为 221.7 万。波特兰市位于马尔特诺马县内，市域面积 376.5km²，2009 年总人口为 58.2 万（图 8-1、图 8-2）。

波特兰位于美国西海岸海洋气候地区，常年气候温暖，夏季干燥而冬季温和多雨。波特兰市一直被认为是美国环境友好程度最高的城市，是美国最适合居住的城市之一（图 8-3）。

波特兰拥有多样化的经济基础，区域内存在着广泛的商业贸易活动。波特兰都市区是俄勒冈州的就业中心。在其历史的大部分时间，波特兰一直是俄勒冈州的经济发动机——西海岸国际贸易的门户，各类工业的基地，以及俄勒冈州的办公与服务中心。

近几年来，波特兰都市区经济得到长足发展，无论区域总收入和个人收入均取得明显增长。2001 ～ 2006 年，波特兰都市区的国内生产总值从 770 亿美元增加到 1030 亿美元，增长了 34%，年均增长率为 5%。2001 ～ 2007 年,波特兰都市区人均个人收入的增长从 32338 美元增加到 38511 美元，增长了 19%。

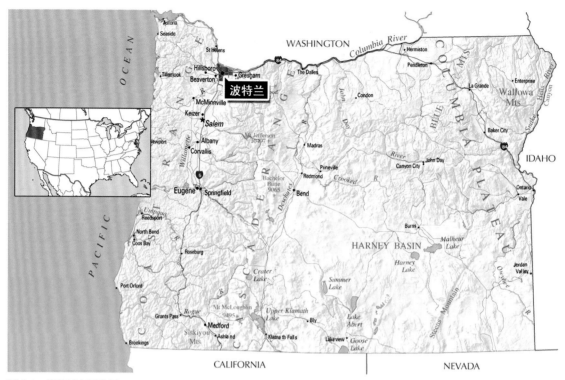

图 8-1　波特兰市区位图

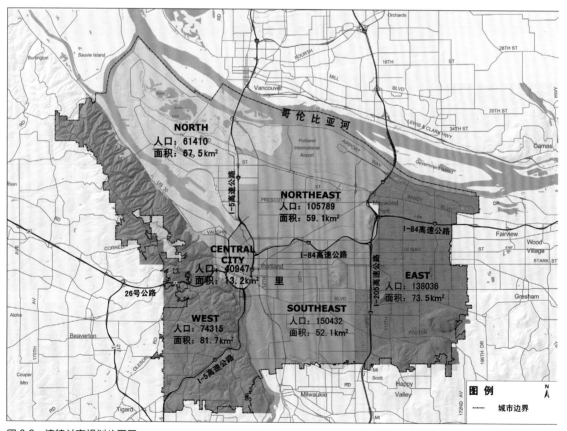

图 8-2　波特兰市规划分区图

资料来源：http://www.portlandonline.com

图 8-3　波特兰维拉米特河畔

资料来源：http://en.wikipedia.org

8.1.2　城市远景发展规划

1995 年波特兰都市区委员会通过"2040 增长概念"（2040 Growth Concept），设置了该地区的发展模式框架。该理念对基于有效利用土地，保护自然区域和农业用地，应集中于何处进行增长，以及创建多模式交通运输系统等提供了指导。

"2040 增长概念"的研究目的是到 2040 年在保持亲近自然和建设更好的社区的前提下，适应在现有的城市增长边界区域内新增 72 万人口和 35 万以上就业岗位的发展需要。研究中提出了四种可能的区域发展远景，这四种选择又被称为"增长概念"，反映了区域在如何积极控制增长方面的不同观点：在现有发展状态下无限制的未来发展状态称为基本状态；在基本状态基础上，缩小所拓展的城市增长边界规模；在现状城市增长边界内发展；对城市增长边界进行微调，通过建设邻近城市吸纳新增人口和就业岗位。通过综合比较这四种增长概念对土地消耗、出行次数和距离、开放空间和空气质量以及各种城市景观的影响，形成了最后的"2040 增长概念"（2040 Growth Concept）。

8.1.2.1　2040 增长概念的基本理念

1）亲近自然；

2）保护野生生物和人居环境；

3）安全和稳定的社区；

4）多项交通选择；

5）保护未来世代的资源；

6）富有活力的文化经济。

8.1.2.2　2040 增长概念土地使用原则

1）鼓励在城市内部，"大街"和主要公交线路上商业中心土地更有效率的利用；

2）保护城市增长边界内部和外部的自然区域、公园、河流和农田；

3）促进建设一个包括各种出行类型的交通系统，如自行车、步行、公共交通以及小汽车和货运；

4）与区域外直接毗邻的城市进行合作，保持社区相互分隔；

5）为区域内所有居民提供多样的住宅选择。

"2040 增长概念"面对区内未来 50 年 72 万人口和 35 万就业岗位的增加，仅进行了极小的城市增长边界的扩张，约为现有面积的 7% 左右（图 8-4）。

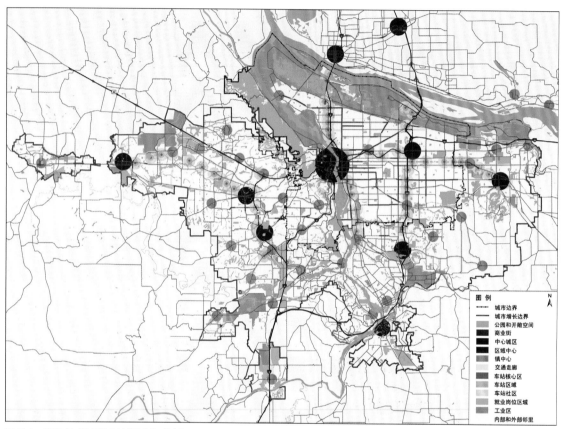

图 8-4　波特兰 "2040 增长概念" 规划图

资料来源：http://www.portlandonline.com

8.1.3　城市增长边界

二战以后，美国近郊飞速开发，出现了一种新的区域经济社会现象——郊区化。高速公路、私人汽车为其提供了物质基础，但放任的郊区化带来了一系列的城市疾病，城市低密度的无序蔓延导致大量的农田浪费，能耗过多、中心城区衰落等问题也随之而来。

为了更合理、紧凑地发展城市，美国规划界提出了"精明增长"的理念。精明增长的主要目的就是控制城市的蔓延。波特兰作为控制城市蔓延的典范，其成功有赖于"城市增长边界"的划定。

"城市增长边界"作为一种有控制的城市增长模式，成为波特兰市首开先例的土地开发政策。"城市增长边界"是一个城市预期的增长边界，边界内是当前城市边界与满足城市未来增长需求而预留的土地；"城市增长边界"之外是农耕地，禁止在此进行城市开发和建设新城镇。

1975 年俄勒冈州法律规定每个城市或都市区需划定城市增长边界以分隔城区用地和农村用地。

波特兰都市区政府（Metro）负责管理波特兰都市地区的城市增长边界。

城市增长边界控制城市用地向农场和林地扩张。城市增长边界内的土地支撑城市服务功能，如道路、给水排水系统、公园、学校、消防和警察部门以创造适于居住、工作和娱乐的繁荣之地。城市增长边界是用来保护农场和森林免于城市蔓延的吞噬，并促进土地和城市增长边界内公共服务设施得到有效利用的工具之一。城市增长边界的其他优点包括：

1）推动城市中心区土地和建筑的开发与再开发，帮助维持中心区的商业核心地位；

2）保证企业和地方政府为满足未来发展需要，确定何处进行基础设施建设；

3）提高企业和地方建设基础设施的效率。资金将用于促使既有道路、公共交通和其他服务设施更有效地服务，而不是像城市蔓延中那样不断地新建道路。

1979 年波特兰都市区划定城市增长边界，面积 22.5 万英亩（910.5km²），包括 24 个城市。城市增长边界并不是静态的，根据城市发展的需要城市增长边界可以拓展。波特兰都市区城市增长边界从 1979 年至今，已经历 30 多次调整，但大多数为较小的面积增长，一般在 20 英亩（8.1hm²）或更少。1998 ~ 2005 年，为适应城市发展需要，城市增长边界进行了几次大的调整。目前，波特兰都市区划定城市增长边界面积 25.5 万英亩（1031.9km²），包括 25 个城市。城市增长边界的管理，是促进波特兰 TOD 项目开发的动力之一。

8.2 规划内容

8.2.1 TOD 的概念

在美国，TOD（Transit-Oriented Development），即公共交通导向的土地开发，被视作是实现"精明增长"、控制城市蔓延、减少汽车依赖的一种有效手段。在美国 TOD 的概念并没有统一标准，但是通常认为 TOD 是一种邻近公共交通站点，土地密集开发、混合使用，采用对步行者友好设计的土地开发模式，鉴于美国城市公共交通乘客偏少，这种土地开发模式在适当条件下会增加公共交通的乘客量。

8.2.2 波特兰的公共交通系统

波特兰拥有良好的公共交通运输系统。TriMet（Tri-County Metropolitan Transportation District of Oregon），即服务马尔特诺马、克拉克默斯和华盛顿三个县的公共交通机构，运营着主要的公共汽车和铁路系统。截至 2009 年，TriMet 运营着 83.2km 长的轻轨线路（MAX），81 条公交线路和 23.5km 的通勤铁路（图 8-5）。

波特兰共有蓝线、红线、黄线和绿线四条轻轨线路，全长 83.2km，设站 84 座。波特兰的轻轨系统承担了非假日公交出行量的 33%，同时也是波特兰 TOD 开发的催化剂。根据 TriMet 的数据，自 1980 年轻轨线路开通以来，已有超过 80 亿美元的资金投入到轻轨站点周边可步行范围内，用于站点周边土地的开发。

2009 年，TriMet 运营的公共交通系统的乘客量达到 1.02 亿人次，其中轻轨系统（MAX）乘客量为 3520 万，常规公交乘客量 6620 万人次。

图 8-5 波特兰轻轨交通系统图

资料来源：http://www.trimet.org/maps/railsystem.htm

8.2.3 案例介绍

波特兰被认为是全美国最激进的 TOD 开发代表。在波特兰轨道交通沿线的所有站点周边几乎都有 TOD 开发的项目。波特兰 TOD 开发的突出特点在于 TOD 已经成为社区和区域层面城市增长管理框架政策的组成部分。TOD 在波特兰已经成为帮助维持紧凑的城市形态，减少汽车依赖，支持中心区和交通走廊再开发的一种有效工具。

波特兰主要的 TOD 开发项目集中在轻轨站点和有轨电车站点周边。TriMet 在线路开通前即资助车站周边区域的规划方案编制。线路沿线的当地政府也参与到这样一项跨行政区域的规划中，因为当地政府也将轻轨线路作为实施本地的总体规划的有效手段。通过轨道交通车站周边的规划保证车站周边的用地开发与公交发展相协调，并通过轨道交通建设以促进 TOD 成为城市增长管理战略的一部分。

公共交通导向的发展通过在高品质的公共交通步行区域内建设人们居住和生活的场所，从而增加了公共交通的使用量。1990 年以来波特兰公交乘客量（TriMet Ridership）的增长比例远高于车辆行驶里程（VMT）和人口的增长比例（图 8-6）。

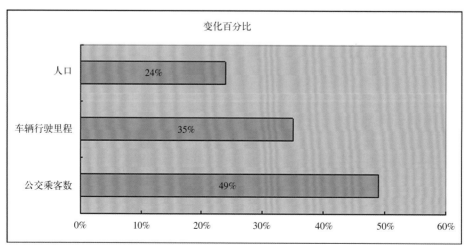

图 8-6 TriMet 的公交乘客量增长比较（1990～2000 年）

8.2.3.1 中心公共住房项目（Center Commons）

1）项目概况

1998年波特兰都市区政府（Metro）的公共交通导向发展计划率先在全美获得授权，使用联邦政府的交通运输基金专项收购毗邻轻轨站点的土地用于再开发。2000~2010年间，公共交通导向发展计划共资助完成了20项TOD项目的开发（图8-7、表8-1）。中心公共住房项目即为公共交通导向发展计划项目之一。

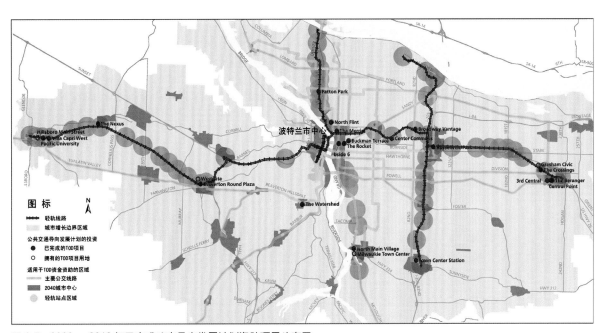

图8-7　2000~2010年已完成公交导向发展计划资助项目分布图

资料来源：http://www.oregonmetro.gov

	已建成的公共交通导向发展计划项目	表8-1
建成年份	项目名称	概况
2000	巴克曼平台 （Buckman Terrace）	122户住宅单位，邻近公交车站
	中心公共住房 （Center Commons）	占地面积1.9hm²，314户住宅单位；邻近轻轨站点
2002	拉塞尔维尔公园一期和二期 （Russellville Park I and II）	占地面积4.1 hm²，576户住宅单位，613m²零售业面积；邻近轻轨站点
	维拉卡普里西区 （Villa Capri West）	20户住宅单位，邻近轻轨站点
2004	森特勒尔波因特 （Central Point）	——
2005	梅里克 （The Merrick）	占地面积0.36 hm²，185户住宅单位，1393.5m²零售业面积；邻近轻轨枢纽站

续表

建成年份	项目名称	概况
2006	北弗林特 (North Flint)	占地面积464m²，总建筑面积459.9m²，主要功能为办公、仓储和少量住宅单位，为最小的公共交通导向计划项目；邻近公交站点
	北美因村 (North Main Village)	占地面积0.77 hm²，97户住宅单位，743.2m²零售业面积；邻近公交站点
	克罗辛斯 (The Crossings)	占地面积0.77 hm²，81户住宅单位，底层1858.1m²零售业面积；邻近轻轨站点
2007	尼克萨斯 (Nexus)	占地面积4.2 hm²，422户住宅单位，659.6m²零售业面积；邻近轻轨站点
	太平洋大学扩建，新建希尔斯伯勒 (Hillsboro) 校区 (Pacific University)	希尔斯伯勒校区占地面积0.36hm²，总建筑面积9661.9m²，5层楼含底层商业、教室和诊所；邻近轻轨站点
	贝朗热 (The Beranger)	总建筑面积3514.1m²，30户住宅单位，底层为商业和停车场；邻近轻轨站点
	罗基特 (The Rocket)	占地面积364.2m²，总建筑面积1489.9m²，4层楼含商业、餐馆和创意办公空间；邻近公交站点
	沃特谢德 (The Watershed)	为老年人提供的可负担住房项目，包括50户可负担的老年住宅单位，185.8m²社区中心和250.8m²商业空间；邻近公交枢纽站
2009	森特勒尔3号 (3rd Central)	——
	百老汇万蒂奇 (Broadway Vantage)	58户住宅单位，1处日托所；邻近轻轨站点
	贝赛得6号 (Bside 6)	占地面积353.0m²，总建筑面积2508.4m²，包含餐饮、零售和创意办公空间；邻近公交站点
	帕顿公园 (Patton Park)	54户住宅单位，427.4m²底层商业空间；邻近轻轨站点
	拉塞尔维尔公园三期 (Russellville Park III)	139户老年住宅单位，1263.5m²商业空间；邻近轻轨站点
2010	镇中心站 (Town Center Station)	——

　　中心公共住房项目（包含公共住房、中心村、5819 号楼和联排别墅等四栋建筑）位于波特兰市中心东面约 8km，项目用地距离轻轨蓝线第 60 大道站约 400m，其间被 84 号州际公路相隔。乘坐轻轨蓝线约 19 分钟到达波特兰市中心。

　　根据波特兰市规划和可持续发展局（Bureau of Planning and Sustainability）组织编制的轻轨东

线站点规划，第 60 大道站社区规划为配备商业零售和就业岗位的活跃的居住中心，围绕轻轨站点将建设具有吸引力的多层住宅和联排别墅。中心公共住房项目紧邻位于格里尚街的邻里商业节点（图 8-8、图 8-9）。

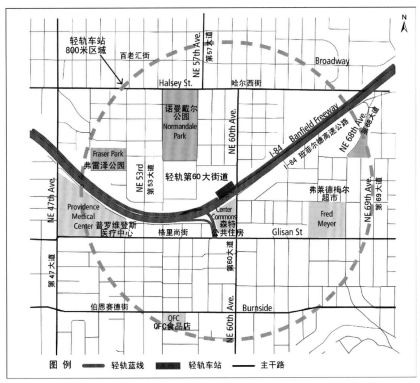

图 8-8　第 60 大道站站区公共设施分布图

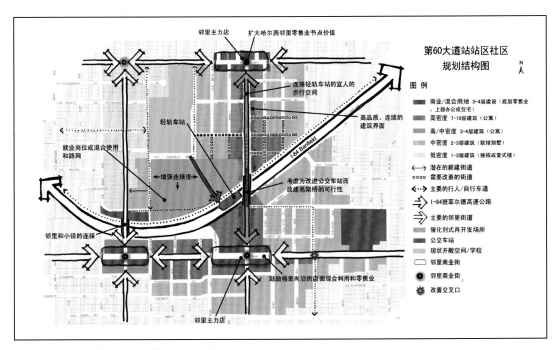

图 8-9　第 60 大道车站周边区域规划结构图

资料来源：http://www.portlandonline.com

中心公共住房项目用地面积为 1.9hm²，建有 4 栋公寓楼和 26 栋联排别墅，可提供 314 户住宅单位，规划停车位 0.6 个 / 户。4 栋公寓楼（共 288 户）中包括为老人提供的 172 户可负担的住房（Affordable Housing），为低收入家庭提供的 60 户可负担的住房和 56 户市场价格的住房，可负担住房数量占到项目的 73.9%（占公寓楼 80.1%）。三层楼高的共管式公寓联排别墅（Condominium Townhouse）的客户主要面向首次置业者、普通客户和低于收入中位数（Below-median-income）者（图 8-10 ~ 图 8-15）。

图 8-10 中心公共住房项目（一）

图 8-11 中心公共住房项目（二）

图 8-12　中心公共住房项目（三）

图 8-13　中心公共住房项目（四）

图 8-14　中心公共住房项目（五）

图 8-15 中心公共住房项目（六）

2）项目实施

中心公共住房项目原土地所有者是俄勒冈州交通部（ODOT），被用作停车换乘（Park-and-Ride）和共乘车（Carpool）的停车场。20 世纪 90 年代初期，该处停车场停止运作。该地块的开发规划起始于 1994 年，波特兰市和当地社区召集讨论地块可能的开发方案。最后，当地社区接受了建设 TOD 的理念，并要求地块开发符合以下条件：改善行人安全、提高轻轨车站的可达性，提供开放空间或休闲空间，新建建筑高度需与周边建筑协调，地块内的大橡树需保留等。

1995 年，波特兰市城市复兴机构，即波特兰发展委员会（Portland Development Commission，简称 PDC）利用俄勒冈州交通增长管理基金对地块开发进行了可行性研究。研究证明该处的 TOD 模式的开发完全满足波特兰市增长管理的目标。1996 年，波特兰发展委员会以公平的市场价从俄勒冈州交通部购得该处用地。

1996 年，波特兰发展委员会推介中心公共住房地块为开发地块，并采用了开发商伦莱可负担社区（Lennar Affordable Communities，简称 LAC）的建议方案，之后 LAC 也成为该项目的主要开发商。波特兰发展委员会之所以采纳了 LAC 的方案，是因为在项目预算内 LAC 提出建设比初步发展规划要求更多的可负担住房。波特兰发展委员会要求项目开发需提供不少于 40% 的可负担住房，而 LAC 提出项目开发中保留 288 套出租住房的 75%（占整个项目的 68.8%）给收入低于区域收入中位数的居民。

1999 年 2 月，波特兰都市区政府（Metro）通过公共交通导向发展计划所提供的资金以约 100 万美元（评估价）从波特兰发展委员会购得该地块，并将地块细分为三块开发宗地、建立 TOD 的土地使用权、契约和限制以保证当地居民能够通过该地块的人行道到达附近的轻轨车站。由于周边房地产建设的费用迅速增长，为反映市场的变化并鼓励 TOD 的高密度建设，该地块以 25 万美元的地价分售给了包括 LAC 在内的三家开发商。俄勒冈州交通部协助开发商对该地块进行整治。1999 年 4 月项目正式开工，并于 2001 年初竣工。

中心公共住房项目开发总投资 3000 万美元，其资金来源包括低收入住房税收抵免、俄勒冈州免税债券、波特兰发展委员会的贷款、美国房利美的贷款、一般合伙人的股本和联邦公共交通管理局的补贴。此外，该项目还可以免交 10 年的物业税。

3）实施效果

中心公共住房项目实现了不同收入者的混合居住。项目地块内共有四栋建筑，满足不同收入阶层的需要（表 8-2）。

中心公共住房建筑功能一览表　　　　　　　　　　　　　　　表8-2

建筑	住宅单位数和	市场受众
中心村 (Center Village)	60间房 招租办公室 托儿所	收入中位或低于收入中位数的家庭 （20%的住房提供给家庭收入低于区域 收入中位数30%的家庭）
公共住房 (The Commons)	172间房	提供给低于收入中位数55%的老年人
5819号楼 (5819 Buliding)	56间房 底层商业	修订的市场价格 （收入限制）
中心联排别墅 (Center Townhouses)	26间	市场价格

中心公共住房项目增加了公共交通乘客量。中心公共住房项目建成后，通过对 288 户公寓住户调查，发现工作出行的公交方式比例增加近 50%（入住中心公共住房项目后从 31% 增加到 46%），非工作出行公交方式比例增加 60%（从 20% 增加到 32%）。相对应的，根据美国 2000 年人口普查资料，波特兰市工作出行公交方式比例为 12.3%。

从 1998 年波特兰都市区公共交通导向发展计划实施以来，整个计划也取得很好的实施效果。在交通方面，通过公共交通导向发展计划资助建成的开发项目，促使每年 543000 人次出行由公共交通承担。在房地产方面，TOD 项目通过邻近公共交通和适于步行的城市中心区开发紧凑的住房，增加了人们对住房的选择度和经济承受性。目前，公共交通导向发展计划资助的项目共可提供 2100 户住宅单位以满足不同社会阶层的需求。其中，531 户住宅单位限定提供给家庭收入低于区域家庭收入中位数 60% 的住户；703 户市场价的住宅单位是家庭收入在区域家庭收入中位数 80% 以下的住户买得起的。整个公共交通导向发展计划资助的项目，其建设的住宅单位总量的 58.8% 是面向中低收入人群。此外，目前完成的 20 个与零售、餐饮和办公混合开发的 TOD 项目，共新增 9922.6m² 商业面积和 13074.9m² 办公面积。在经济活动方面，公共交通导向发展计划自实施以来通过区域交通基金（联邦拨款）、波特兰都市区共同基金、TOD 项目收入和利息收入等渠道共募集到 2920 万美元，通过发挥这些资金的杠杆作用，目前利用公共交通导向发展计划资助完成的 20 个 TOD 项目总投资超过 3 亿美元（图 8-16）。

8.2.3.2　珀尔区（Pearl District）

1）项目概况

波特兰市珀尔区位于波特兰市中心北面，西临 405 号州际公路（I405），东至西北百老汇街（NW Broadway Street），北临维拉米特河，南至西伯恩赛德街（West Burnside Street），由 90 个街区组成，面积约 1.21km²（图 8-17）。

珀尔区原为市中心北部仓库、轻工业生产和铁路编组站的区域，被称为"西北三角区"（图 8-18、图 8-19）。2000 年美国人口普查时，珀尔区人口为 1113 人，人口密度为 920 人 /km²，低于当时波特兰市的人口平均密度 1405.4 人 /km²。珀尔区的再开发起于 20 世纪 90 年代后期，并随着 2001 年途经珀尔区的全美第一条现代电车（Streetcar）的开通，该区得到了迅猛的发展，成为城市更新的典范。

罗基特	贝赛得6号
北美因村	沃特谢德
太平洋大学扩建	拉塞尔维尔公园

图 8-16　公共交通导向发展计划资助项目

资料来源：http://www.oregonmetro.gov

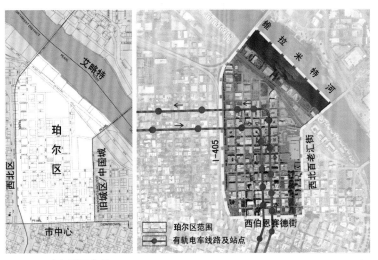

图 8-17 珀尔区区位图

图 8-18 珀尔区内原铁路编组站及高架桥

资料来源：http://www.hoytstreetproperties.com/

图 8-19 珀尔区内高架桥遗迹

　　珀尔区现在已成为波特兰的一个大型艺术社区，拥有混合使用的住房、艺术画廊、设计工作室、咖啡馆和餐厅。目前，珀尔区拥有全波特兰市最高的平均建筑密度 296 户 /hm²。区内已建和在建项目可提供 5500 套住房，满足 1 万人的居住需求，提供 2.1 万个就业岗位，同时增加约 100 万平方英尺（9.3 万 m²）的商业和零售业空间（图 8-20 ～图 8-24）。

图 8-20　珀尔区居住社区

图 8-21　珀尔区坦纳泉公园

图 8-22　珀尔区有轨电车

图 8-23　珀尔区贾米森广场

图 8-24　珀尔区旧厂房改造的艺术品商店

2）项目实施

1988 年的波特兰中心城区规划，即对西北三角区（珀尔区所在的原工业、铁路和仓储区）提出规划要求：保留区域特性和建筑遗产，在鼓励工业活动的同时又鼓励用地混合的开发。规划进一步强调将区域内原铁路用地进行再开发的重要性和可行性，并鼓励包括住宅在内的功能混合式开发；促进艺术家们生活、工作的空间和美术馆设施的开发。但是如何实施这些转变,规划并没有明确（图 8-25）。

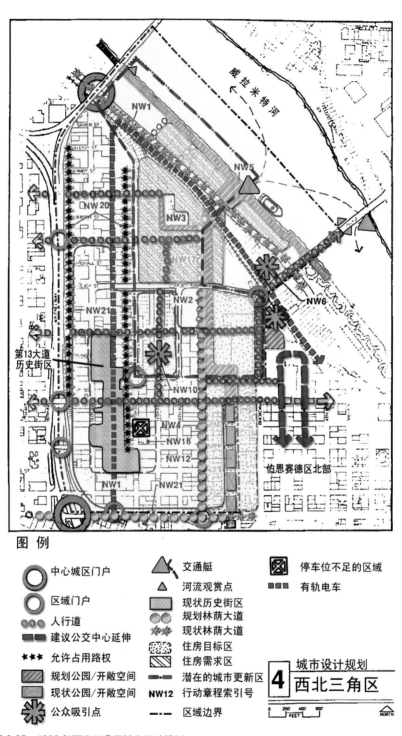

图例

⊚ 中心城区门户	▲ 交通艇	⊠ 停车位不足的区域
⊙ 区域门户	△ 河流观赏点	▰▰▰ 有轨电车
∘∘∘ 人行道	▦ 现状历史街区	
▬▬ 建议公交中心延伸	⊙⊙ 规划林荫大道	
✱✱✱ 允许占用路权	✳ 现状林荫大道	
▨ 规划公园/开敞空间	▩ 住房目标区	
▨ 现状公园/开敞空间	▨ 住房需求区	
✳ 公众吸引点	▬·▬ 潜在的城市更新区	
	NW12 行动章程索引号	
	▬··▬ 区域边界	

城市设计规划
④ 西北三角区

图 8-25　1998 年西北三角区城市设计规划

20 世纪 90 年代初期，区域内的普通民众和土地所有人召集构建里弗区（River District）发展的愿景宣言。里弗区包括后来的珀尔区并往东延伸至维拉米特河谷。该愿景宣言指出里弗区应当成为城市的一个充满生机的城市社区，拥有连通的、多元化的、土地混合使用的邻里。愿景宣言同时要求对于波特兰市未来人口增长，该区域应当占有重要的部分。1992 年，波特兰市议会确认了里弗区愿景宣言，并要求政府机构和社区制定实施战略。

1994 年，开发商、商界和市民共同制定了里弗区发展规划（River District Development Plan），要求建设一条电车线，恢复至维拉米特河的通道，以及住房的多样化。愿景预测将形成一个 1.5 万居民，13.9 万 m²（150 万平方英尺）办公空间和 4.6 万 m²（50 万平方英尺）商业空间的社区。市议会认可了这项规划，并要求各政府机构采取相应措施执行该规划。例如，规划局修改土地利用条例以支持该规划，并采用了专门的里弗区设计导则。

1997 年，珀尔区的规划实施迈出重要一步。波特兰发展委员会（PDC）和霍伊特街地产（Hoyt Street Properties）签订总体开发协议（Master Development Agreement）。波特兰发展委员会是负责波特兰市城市更新、住房和经济发展的机构。霍伊特街地产是珀尔区铁路编组站的土地所有者。波特兰发展委员会的目标是保护历史建筑，增加建筑密度以创造活力和吸引商业，促进公共交通的使用，支持现有的和新的艺术机构。波特兰发展委员会同时负责珀尔区的公共投资的资金管理。霍伊特街地产提供其拥有的 16.2hm² 土地按照协议的要求进行 TOD 的开发。

总体开发协议的基本要素包括住房、公园和基础设施三个方面。在住房方面，建议的住房密度远高于之前的开发项目。

（1）住房

霍伊特街地产同意一旦政府开始拆除穿过地块内的高架桥（Lovejoy Viaduct），即将最小开发密度由 37 户/hm²（15 户/英亩）提高到 215 户/hm²（87 户/英亩）；当邻近霍伊特地产的有轨电车建成后，最小开发密度提高至 269 户/hm²（109 户/英亩）；当政府利用霍伊特街地产捐赠的地块建成珀尔区首个公园，最小开发密度提高至 324 户/hm²（131 户/英亩）。

此外，开发商承诺实现政府的可负担住房目标：用于出租的至少 15% 和用于出售的至少 10% 的住房，其面积不大于 65m²（700 平方尺）。至少 15% 的住房是家庭收入在区域家庭收入中位数 50% 以下的家庭可以负担的；至少 20% 的住房是家庭收入在区域家庭收入中位数 80% 以下的家庭可以负担的。如果霍伊特街地产没有建设可负担的住房，为达到上述目标，政府可以购得最多 3 个半街区的土地建设可负担住房。

（2）公园

霍伊特街地产同意捐赠 0.61hm²（1.5 英亩）土地，政府承诺建设公园。此外，政府有权获取最多 1.62hm²（4 英亩）土地作为公众的开放空间。

（3）基础设施

霍伊特街地产同意无偿提供所有地方街道、人行道和公共设施的路权；为移除区内的高架桥支付 12.1 万美元，并支付 70 万美元用于有轨电车建设。

1999 年高架桥移出珀尔区，2001 年区内的有轨电车开通。1998 ~ 2003 年，珀尔区完成约 2700 套住房和 11.1 万 m²（120 万平方英尺）以上的商业空间的建设。

3）实施效果

珀尔区的 TOD 开发实现了旧的工业、仓储区域的更新，建成生机勃勃的居住、商业和艺术社区。珀尔区的建设是土地开发和公共交通建设有机结合的典范，23 亿美元的开发项目沿珀尔区有轨电车线建设，而整个有轨电车线的建设费用为 5200 万美元，有轨电车建设带动了地区开发。

同时有轨电车的乘客量也得到迅猛增长，从 2001 ～ 2002 年开通初期时的年平均日乘客量 3720 人增加到 2008 ～ 2009 年平均日乘客量 11063 人，年平均增长率达到 16.8%。

8.3 规划分析

8.3.1 成功要素

在波特兰，TOD 的概念不再是独立的地块开发的概念，而是区域增长管理战略的重要组成部分。TOD 不再只是城市规划本身，而是已经成为社区建设和生活方式选择的一部分。在波特兰，TOD 已经成为帮助建设有活力的社区的手段之一。

波特兰 TOD 的故事在美国是与众不同的，或是相对显得更激进的。当地政府赋予 TOD 更广泛的目标,而这些目标同时被当地社区所接受,被市场认可和遵守。波特兰 TOD 的成果有赖于"4Ps"——政策支持（Policy support）和公私合作（Public Private Partnership）。

8.3.1.1 政策支持

1）政策"工具箱"

政府公共政策的制定和执行是为了充分发挥政府调节作用，对自由的市场开发行为进行引导，有效管理和合理分配公共资源。波特兰都市区采用了一系列鼓励 TOD 项目建设的政策，以在更广的范围发挥 TOD 的作用，实现城市的增强建设而不是向外蔓延。美国规划协会的奖项是授予波特兰都市区政府的公交导向发展计划（Transit Oriented Program），但从中心公共住房和珀尔区 TOD 项目案例中我们可以看到，波特兰 TOD 的成功依赖包括该计划在内的从州范围到地方的一系列政策支持（表 8-3）。

波特兰促进TOD实施相关政策表 表8-3

适用范围	政策或规划	相关内容
俄勒冈州	城市增长边界政策（UGB）	它是俄勒冈州土地利用规划方案的主要宗旨。这项政策保证了城市增长边界内20年内的土地供应和边界外乡村区域的保护
	交通规划条例	要求都市区域设定目标，并采取行动，以减少对汽车的依赖。指导都市区域改变土地利用性质以促进步行者友好的、紧凑的、混合使用的开发
	交通和增长管理方案	政府提供资金补助，以促进优质社区规划。1993～2002年，政府从联邦交通基金中提供了670多万美元补助
	TOD免税政策	允许符合条件的项目，免征长达10年的住房物业税。波特兰都市区内，波特兰和格雷沙姆两城市已经执行该方案
都市区	区域增长管理政策	2040增长概念将城市增长集中在紧凑的城市增长边界内的公交中心和走廊。地方政府必须遵守区域功能规划要求，执行增长目标、最大停车位限制、最小密度要求和街道连接标准
	公共交通导向发展计划（TOD实施计划）	利用当地和联邦交通基金组合以推动TOD的建设。资金的主要用途是为收购土地和TOD在他人土地上的通行权

续表

适用范围	政策或规划	相关内容
市或县	西线轻轨站区规划	TriMet、波特兰都市区政府（Metro）和俄勒冈州交通运输部（ODOT）资助编制，被轻轨沿线政府采纳的，轻轨车站周边800m范围内的规划。规划包括最小密度要求，最大停车位限制，倡导公交导向的设计和禁止小汽车导向的使用
	联合开发	TriMet折减了"最高和最好的公交利用"项目用地的成本，以支持西线轻轨沿线的三个创新的填充式开发项目
	TOD税收和费用减免	格雷沙姆市提供10年的TOD税收豁免和交通影响费26.9%的折扣以奖励在TOD区域内的开发

波特兰支持TOD建设包含了法律规定（如城市增长边界政策）、规章要求（如交通规划条例）、经济刺激（免税、补贴等）等手段，形成一套较为完备的TOD实施"工具箱"。

2）政策对实践的指导

俄勒冈州城市增长边界政策通过立法要求波特兰都市区制定城市增长边界，作为城市和农村土地利用的有效过渡，限制土地开发的无序蔓延。由于城市的增长只能发生在所制定的增长边界内，为适应新的增长需求，相对高密度的开发成为可能，城市形态趋向于更为紧凑。

俄勒冈州交通规划条例也是支持波特兰都市区解决交通问题，推进TOD开发的关键因素之一。根据1991年通过的交通规划条例，俄勒冈州各行政区域应减少对小汽车交通的依赖，实现在未来30年，人均车辆行驶里程（Vehicle Miles Traveled，简称VMT）减少20%，停车空间减少10%的目标（由于该目标相对激进，在实施过程中进行了相应修订，地方政府可制定其他减少小汽车交通依赖方法替代VMT减少目标，制定新的停车规定替代停车空间减少的标准，但总的原则没有变化）。同时，交通规划条例要求地方政府应制定土地利用和设计条例以提供自行车专用道、自行车停车设施和人行道；通过明确公交沿线的公交导向开发用地来支持公交服务；要求大规模项目的开发商在公交服务的提供者需要时，或者提供公交车站，或者提供联系公交车站的步行通道等。

政府的参与是围绕公交站点进行TOD开发的必要因素。政府通过资金补助和税收减免等激励手段，降低TOD项目开发的成本和风险；运用补助资金的杠杆效应带动市场对TOD项目的投入。政府采取经济手段刺激是为了实现城市规划和社会发展的目标。波特兰都市区公共交通导向发展计划对开发项目的资金补助，明确提出可负担住房的配套要求；格雷沙姆市TOD税收和费用减免政策，即规定申请项目需满足最低的建筑密度要求：至少175户出租单位/hm²，或60户出售单位/hm²，或区域最小密度要求三者最大值等。

8.3.1.2　公私合作

波特兰的TOD是政府、私人开发商和公众共同合作的成果。TOD的开发理念需要公众的认同，同时高密度的开发、停车位限制、不同收入者的混合居住、用地的混合使用需要在市场上被消费者（公众）接受；政府的责任在于通过制定相关政策要求和激励制度鼓励开发商进行TOD项目的开发；开发商需承担部分公共设施建设的资金和义务，满足政府提出的TOD建设的目标，同时TOD项目的建设需要开发商完成。

在波特兰的TOD案例中我们看到TriMet、波特兰都市区政府和波特兰发展委员会等公共机构和政府部门是主要参与者。TriMet作为区域的公交运营机构不再满足于传统美国公交机构参与TOD发展的模式，即以公平的市场价出售所属土地供 TOD 开发。TriMet 将 TOD 视作增加公交乘客量，促进公共交通和 TriMet 本身持续发展的因素之一。TriMet 资助轻轨沿线的当地政府编制站点区域对公交使用友好的用地规划，基于 TOD 的发展选择线路走向，折减土地成本以获得更好的基于 TOD 的开发等。

波特兰都市区政府作为波特兰都市区直选的区域政府，将 TOD 作为区域增长管理战略的重要组成部分。波特兰都市区政府每年有接近 250 万美元的财政预算。这些资金大多用于土地的获取，获得土地、土地分宗、规划，然后有条件出售给开发商建设 TOD 项目，提供土地给地方政府用作街道、广场和其他适宜的公共设施。

波特兰发展委员会作为实现波特兰市城市复兴的机构，通过税收减免和与开发商签订相关协议以促进 TOD 项目的建设。

在波特兰的实践中我们看到 TOD 的公私合作既有强制性要求以实现 TOD 的发展目标，如可负担住房的建设比例；又有灵活性的措施以反应市场的变化，如考虑密度增加，建筑成本增长进行的地价折减。

8.3.2 发展展望

波特兰的公共交通导向发展（TOD）在美国是独一无二的，波特兰将 TOD 作为城市增长战略的核心部分，并予以实践。随着近来 TOD 项目的不断实施，TOD 项目在建设有活力的社区方面的示范作用（如珀尔区改造、中心公共住房项目等）将使民众更容易支持 TOD 的开发；通过相关的促进 TOD 实施的政策，推动私人开发商对 TOD 的建设。此外，预计到 2035 年波特兰都市区将新增 46.4 ～ 62.0 万户家庭，其中 11.7 ～ 13.3 万户家庭将居住在波特兰市。人口的增长和人们对城市生活的回归，将使得波特兰的 TOD 不再是规划实验而将成为城市建设的常态。

8.4 借鉴及启示

20 世纪 90 年代，TOD 的理念在美国产生，以应对第二次世界大战后美国不断加剧的城市蔓延。虽然 TOD 是针对美国的城市发展情况提出的，但自从 TOD 概念引入我国，其基本的理念广受规划师的青睐。我国的规划界立足中国的实际，对 TOD 的内涵和实施框架进行了研究；建立 TOD 的规划设计体系及方法；将 TOD 的理念运用于具体的规划方案，尤其是轨道交通站点区域用地规划中。

虽然 TOD 在国内已经是常见的概念并已经用于规划实践中，但是波特兰的案例中依然有以下三个方面值得我们借鉴。

8.4.1 TOD 内涵的再认识

由加利福尼亚伯克利大学罗伯特·切尔韦罗（Robert Cervero）教授总结的 TOD 项目的三个典型特征，即著名的 3D（（Density——高密度建设，Design——步行者友好的设计和 Diversity——土地的混合利用）原则已经得到普遍认同。中国和美国的规划师对高密度建设、步行者友好的设计概念认识是一致的，只是对具体的高密度的标准和步行者友好设计的要求有所不同。

对于土地的混合利用,我国规划师多理解是采用开发高密度住宅、商业、办公用地,同时开发服务、娱乐、体育等公共设施的混合用地模式。有学者通过住宅、商业和办公物业价值对轨道交通站点距离的敏感性进行研究，以确定各类物业距离站点的合理距离。对 TOD 内涵的理解上，我们更多的关注是在物质建设层面。

从波特兰的案例中我们看到对于土地的混合使用，在强调功能复合的基础上，更多地关注在不同收入阶层的混合居住，可负担住房的建设。波特兰 TOD 的建设目的体现于在紧凑的地块内为不同人群提供多样化服务。

借鉴波特兰的经验，我们可以在轨道交通站点区域的规划和建设中，落实经济适用房和廉租房的建设，体现社会公平，促进社会发展。经济适用房和廉租房的建设要求需在土地出让条件中明确，通过制定相关政策，采用一定经济手段保障和激励其建设。

8.4.2 注重政策的制定

城市规划是政府分配资源的手段，但资源配置的基础是市场，为实现规划意图，使社会效益最大化，需要通过公共政策干预。波特兰的 TOD 案例体现的是通过一系列政策"工具箱"保证和鼓励 TOD 的建设。

结合中国的实际情况，研究制定相关政策，要求 TOD 项目建设提供公共空间，与公交、轨道站点有效连接；经济适用房和廉租房建设政策中，明确要求选址需位于公共交通便利的区位，结合新建轨道交通或公交枢纽设置；对容积率奖励、容积率转移等激励措施形成具体的规则和规定等。

8.4.3 建立公私合作的实施机制

公私合作是市场经济下规划工作的第一要素。政府以有限的资金投入为开始，鼓励民间资金加入，并在保证大多数人长期利益的同时，对私有企业提供一定程度的优惠，以满足企业和投资者的正当利益，而规划师与市民结合，以公众参与作为加强自己发言权、介入决策过程的主要武器。波特兰的案例中公众提出发展愿景参与制定规划，政府确认并制定执行措施，市场来实现。

结合我国实际，一方面在目前城市轨道交通建设的高峰，有必要研究站点区域的合作开发，实现外部效应内部化的机制；另一方面，规划需实现公众有效参与，了解公众需求使规划方案更合理，规划过程透明，实施受监督。

本章参考文献

[1]Bertolini Luca，Curtis Carey，Renne John L. Transit oriented development：making it happen[M].London：Ashgate Publishing Company.

[2]Ozawa Connie P. 生态城市前沿——美国波特兰成长的挑战和经验 [M]. 寇永霞，朱力译 . 南京：东南大学出版社，2010.

[3] 陈莎，殷广涛，叶敏 . TOD 内涵分析及实施框架 [J]. 城市交通，2006，6（6）：57-63.

[4] 林群，宗传苳. 2006. 深圳公交导向发展实践 . 城市交通 4（3）：5-10.

[5] 赖志敏 . 轨道交通车站地域的集中开发 [J]. 城市轨道交通研究，2005（2）：50-53.

[6] 武汉市城市规划设计研究院 . 武汉轨道交通二号线一期站点综合规划 [R]. 2008.

[7] 张庭伟 . 中美城市建设和规划比较研究 [M]. 北京：中国建筑工业出版社，2007.